안정적인 방송통신 서비스 기반 제공 연구

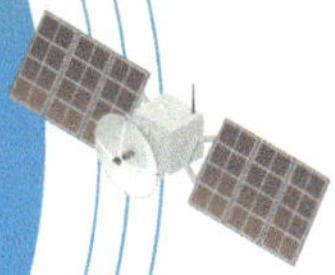

국립전파연구원

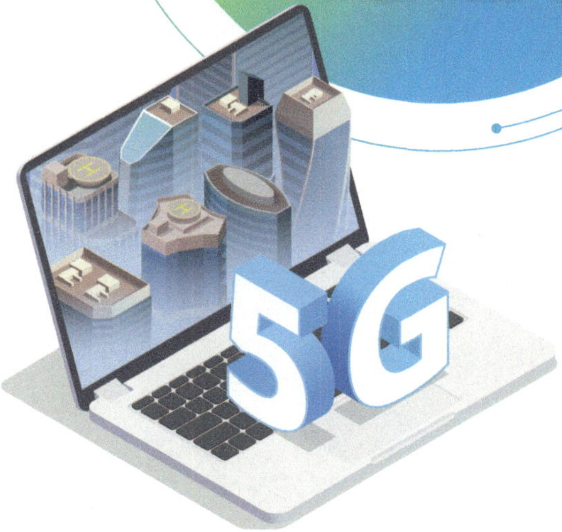

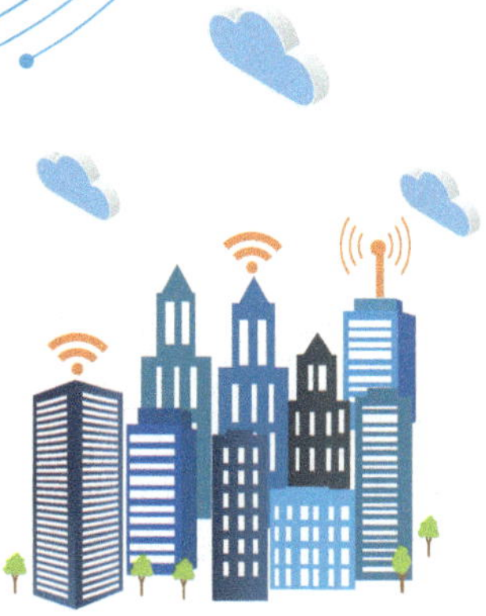

Jinhan M&B

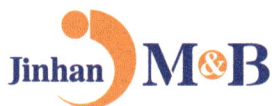

요 약 문

현행「방송통신설비의 기술기준의 관한 규정」에서 꼬임케이블과 광케이블을 선택적으로 적용하여 설치하는 회선수 규정을 개선하여 현재 구내 10기가 통신 서비스 제공을 위한 광케이블 설치 의무화를 위한 개정을 추진하고, 공동주택과 유사한 구조를 갖는 준주택오피스텔을 주거용건축물 중 공동주택 기준으로 적용할 수 있도록 구내통신 회선수 개선을 위해 개정을 추진하고 그에 따른 위임 고시인「접지설비·구내통신설비·선로설비 및 통신공동구등에 대한 기술기준」 개정을 추진하였다. 또한, 공사현장에서 발생하는 이해관계자들 간 애로사항과 분쟁을 해결을 위한「접지설비·구내통신설비·선로설비 및 통신공동구등에 대한 기술기준」의 개선이 필요하다. 이에 따라, 건축물 지하층 중계설비 설치장소 확보를 중계설비 출력, 환경 등에 따라 건축물 지하층 중계설비 설치 개소 증감토록 기준 완화, 전파전달특성, 구조물 환경 등을 고려하여 5G에 적합한 도시철도시설 선로 구간 중계설비 설치 간격을 조정할 수 있도록 기준 개선하였다. 또한 세대내 단말장치가 회선종단장치 없이 설치되어 건축주와 감리 간 분쟁 발생을 예방하기 위해 인출구가 보이지 않게 단말장치 설치 시 회선종단장치 없이 직결토록 기준을 완화하는 개정(안) 마련을 추진하였다.

「인터넷 멀티미디어 방송사업의 방송통신설비에 관한 기술기준」에서는 IPTV 유료방송에 적용되는 제한수신 기술이 발전하고 IPTV 서비스 형태가 다양화됨에 따라 제한수신 기술 개방에 대한 기술기준을 마련하였다. 이를 위해 방송 제공사업자와 제조사가 시대적 상황에 맞게 제한수신 기술을 선택할 수 있도록 제한수신에 대한 기본요구사항만 규정하고 기술 선택 자율성을 추가하여 기술기준 및 시험방법 표준 개정(안) 마련을 추진하였다.

「단말장치 기술기준」에서는 정보통신 기술발전에 따라 사용하지 않는 방송통신망의 단말접속 기술방식(ISDN, ADSL)에 대하여 서비스 수요 및 단말인증 시험 현황을 조사하였다. 이를 통해, 서비스 수요가 없는 기술방식(ISDN)의 기본속도(BRI)에 대해서만 기술조항에서 삭제하고 통신사와 시험기관이 기술기준 준수에 따라 발생하는 서비스 유지 및 인증 시험장비 관리 비용 절감을 위해 기술기준 및 시험방법 표준 개정(안) 마련을 추진하였다.

목 차

제1장 서론 ··· 1

제2장 구내통신설비 기술기준 개정 ································· 5

제1절 구내 10기가 서비스 제공을 위한 광케이블 설치 의무화········ 5
    1. 추진 배경···5
    2. 추진 경위···6
    3. 검토 내용···9
    4. 개정(안) 신구 대비표··16

제2절 주거목적 오피스텔 구내통신 회선수 기준 개선 연구 ··········· 23
    1. 추진 배경···23
    2. 추진경위···23
    3. 검토 내용···26
    4. 개정(안) 신구 대비표··33

제3절 건축물 지하층 중계설비 설치장소 확보기준 개선 연구 ········ 40
    1. 추진 배경···40
    2. 추진 경위···41
    3. 검토 내용···42
    4. 개정(안) 신구 대비표··43

제4절 5G 신규서비스 확장을 위한 도시철도시설 중계설비 설치장소 확보기준 개선 연구 ····· 45
    1. 추진 배경 ·· 45
    2. 추진 경위 ·· 45
    3. 검토 내용 ·· 46
    4. 개정(안) 신구 대비표 ·· 49

제5절 회선종단장치 설치방법 개선 ·· 50
    1. 추진 배경 ·· 50
    2. 추진 경위 ·· 51
    3. 검토 내용 ·· 52
    4. 개정(안) 신구 대비표 ·· 54

제3장 IPTV 기술기준 개정 ·· 57
제1절 추진 배경 ·· 57
제2절 추진 경위 ·· 57
제3절 검토 내용 ·· 58
제4절 기술기준 및 시험방법 표준 개정안 신·구 조문 대비표 ······················· 63

제4장 단말장치 기술기준 개정 ·· 71
제1절 추진 배경 ·· 71
제2절 추진 경위 ·· 71
제3절 검토 내용 ·· 72
제4절 기술기준 및 시험방법 표준 개정안 신·구 조문 대비표 ······················· 75

제5장 결 론 ··· 81

참고문헌 ·· 83

표 목 차

[표 1] 인터넷 속도 증가 현황 ···5

[표 2] 「방송통신설비의 기술기준에 관한 규정」제20조 관련 [별표 4] ···············10

[표 3] 「접지설비·구내통신설비·선로설비 및 통신공동구등에 대한 기술기준」제32조 ······11

[표 4] 꼬임케이블과 광케이블 비교표 ···11

[표 5] 「전기통신사업법」제4조 보편적 역무의 제공 등·································12

[표 6] 「전기통신사업법 시행령」제2조 보편적 역무의 내용 ··························12

[표 7] 구내간선구간 광섬유케이블 설치 현황 조사 ······································13

[표 8] 구내통신 광케이블 의무화 관련 비용·편익 분석································14

[표 9] 개정(안) 주요 내용···16

[표 10] 「방송통신설비의 기술기준에 관한 규정」제20조 [별표 4] 주요내용··············23

[표 11] 방송통신설비의 기술기준에 관한 규정」제19조, 제20조 요약··············26

[표 12] 주거용건축물과 업무용건축물의 정의···27

[표 13] 개정(안) 주요 내용··32

[표 14] [별표 7] 제3호 도시철도시설 구내용 이동통신 설치 표준도 ············47

[표 15] 고시 제31조 회선종단장치 기준 ··52

[표 16] 「인터넷 멀티미디어 방송사업의 방송통신설비에 관한 기술기준」제13조
(제한수신) ···59

[표 17] 「인터넷 멀티미디어 방송용 가입자 단말장치 적합성 평가 시험방법」···············59

[표 18] 제한수신 핵심기능 및 시험방법 절차···60

[표 19] 「인터넷 멀티미디어 방송사업의 방송통신설비에 관한 기술기준」제13조
(제한수신) ···61

[표 20] 「인터넷 멀티미디어 방송용 가입자 단말장치 적합성 평가 시험방법」
　　　　표준 10 제한수신 규격 ·· 60
[표 21] 「단말장치 기술기준」종합정보통신설비 관련 제19조, 제20조, [별표 12] ········· 72
[표 22] 「디지털 방송통신 및 종합정보통신 설비에 접속되는
　　　　단말장치의 적합성 평가 시험방법」··· 74

National Radio
Research Agency

그 림 목 차

[그림 1] 기술방식별 인프라(광, UTP 케이블)구성, 속도 및 제한사항 ·················· 5
[그림 2] 구내통신망 구성도 ·· 6
[그림 3] 공동주택 집중구내통신실 광케이블 설치 주요 현황 ····························· 13
[그림 4] 공동주택과 오피스텔 건축물의 내부구조와 평면도의 예시 ··················· 31
[그림 5] 공동주택과 오피스텔 건축물의 층평면도의 예시 ································ 32
[그림 6] 건축물 지하층 중계설비 설치장소 확보기준 관련 현황 ························ 40
[그림 7] 현행 건축물 지하층 중계설비 설치장소 확보기준 ······························· 42
[그림 8] 현행 500세대 이상 공동주택 지하층 중계설비 설치장소 확보기준 ········ 42
[그림 9] 500세대 이상 공동주택 지하층 중계설비 설치장소 현황 ····················· 43
[그림 10] 5G 신규서비스 확장을 위한 도시철도시설 중계설비 설치장소 확보 기준 현황 ············ 45
[그림 11] 실제 신림역-신대방역간 도시철도시설 선로구간 ······························· 48
[그림 12] 신림역-신대방역간 도시철도시설 선로구간 중계설비 설치 현황 ·········· 48
[그림 13] 회선종단장치 설치방법 기준 관련 현황 ·· 50
[그림 14] 천장 매립 무선 공유기(AP) ··· 53
[그림 15] 선반 고정 주방 TV ·· 53
[그림 16] 벽면 매립 월패드 ··· 53

제1장
서론

National
Radio
Research
Agency

제1장 서론

 통신사업자, 제조사업자 등은 이용자에게 고품질의 방송통신서비스를 제공하기 위해 국가에서 규정하는 기술기준을 준수하면서 각 사의 자체적인 기술을 통해 다양한 방송통신설비를 지속적으로 발전시켜, 유·무선 통신이 융합되는 새로운 방송통신설비들이 증가하고 있다. 이에 따라, 현행 방송통신설비의 기술기준 또한 급변하는 정보통신기술에 맞추어 능동적으로 대처할 수 있는 방향으로 개선이 필요하다.
 현행 「방송통신설비의 기술기준의 관한 규정」 제20조 관련 [별표 4]는 국선단자함에서 세대단자함 또는 인출구까지 꼬임케이블 1회선 이상 또는 광섬유케이블 2코아 이상을 선택적으로 설치토록 규정하고 있다. 일반적으로 건설사는 규정에서 정하는 최소 성능인 꼬임케이블 1회선을 구내에 설치하고 있으나, 해당 케이블로 최대 1기가까지 인터넷 속도 제공할 수 있으므로 10기가 인터넷 서비스 제공에 어려움이 있다. 또한, 광다중화 기능을 갖는 국선단자함과 동단자함이 있는 경우 4개의 통신사업자가 각 2코아(주, 예비)씩 사용할 수 있도록 광섬유케이블 8코아 이상을 설치토록 규정하고 있으나, 공사현장에서는 광케이블 8코아 중 일부를 타용도로 사용하고 있어, 새로운 통신사업자 서비스 제공을 위한 진입시 회선이 부족한 실정이다. 이 연구에서는 구내 10기가 통신서비스 제공을 위한 광케이블 설치 의무화 및 구내간 선구간 8코아에서 12코어 이상으로 상향하기 위하여 현행 규정의 검토, 꼬임케이블과 광케이블의 비교검토, 현장조사, 연구반 회의 및 이해관계자의 의견수렴 등을 통해 개정을 추진하고 이에 따른 세부 고시인 「접지설비·구내통신설비·선로설비 및 통신공동구등에 대한 기술기준」에 대해서도 개정을 추진하였다.
 오피스텔은 현행「건축법 시행령」[별표 1]의 제14호에 의하여 업무시설로 분류되어, 공동주택과 유사한 구조를 같은 준주택오피스텔은 현행 「방송통신설비의 기술기준의 관한 규정」제3조제1항제17호에 따라 업무용건축물 기준이 적용되어 구내통신 회선 수가 과도하게 설치되고 있다. 이 연구에서는 준주택오피스텔 구내통신 회선수 기준 개선을 위해 현행규정을 검토하고 오피스텔 관련 법규 현황 등을 조사하여 연구반 회의 및 이해관계자의 의견수렴 등을 통해 개정을 추진하였으며, 세부 위임고시인 「접지설비·구내통신설비·선로설비 및 통신공동구등에 대한 기술기준」또한 개정을 추진하였다.
 현행「접지설비·구내통신설비·선로설비 및 통신공동구등에 대한 기술기준」에서는 건축물의 지하층 중계설비 설치장소를 바닥면적 합계(건축물의 경우 10000 m^2당, 공동주택의 경우 5000 m^2당) 1개소 이상의 장소를 확보토록 규정하고 있다. 이에 따라, 건축물의 바닥면적 합계가 초과하게 되면 중계설비의 설치장소를 2개소를

확보해야 한다. 이 경우 통신사가 1개소에 설치된 중계설비만으로도 전체 통신서비스가 확보됨에도 불구하고, 건축주는 중계설비 설치장소를 2개소를 확보하였으므로 중계설비의 추가 설치를 요구를 주장하며 분쟁으로 이어지고 있는 실정이다. 또한, 현행 도시철도시설 선로구간 중계설비 간격을 250±20 m 마다 설치장소 확보토록 규정하고 있으나, 5G 도입시 전파 도달거리 감소로(이론적 5G 품질보장 간격 약 200 m)인하여 통신서비스 품질 저하가 우려된다.

그리고, 현행 주거용건축물의 통신용 인출구는 모듈러잭이나 동축커넥터 또는 광인출구 등으로 종단토록 규정하고 있다. 그러나, 시공방법 변화에 따라 입주 전 건축주가 설치하는 천장이나 벽등에 고정된 단말장치는 미관저해, 불필요한 비용 증가 등으로 통신용인출구 없이 단말 설치하고 있으나, 감리는 규정을 준수하여 인출구 설치를 요구하며 분쟁으로 이어지고 있는 실정이다. 이 연구에서는 건축물 지하층 중계설비 설치장소 확보기준을 개선, 도시철도시설 선로구간 중계설비 설치장소를 개선, 회선종단장치 설치기준 개선을 위해 연구반 구성 운영을 통한 이해관계자의 의견수렴 및 현장조사 등을 통해 개정을 추진하였다.

IPTV 유료방송서비스에 적용하는 제한수신 기술은 발전하고 다양화됨에 따라 IPTV 유료방송서비스 형태는 변화하고 있다. 그러나, 『인터넷 멀티미디어 방송사업법』 제14조의2 및 『인터넷 멀티미디어 방송사업법 시행령』 제23조의3에 따른 위임 고시 「인터넷 멀티미디어 방송사업의 방송통신설비에 관한 기술기준」(이하 'IPTV 기술기준')의 제한수신 기술 규정은 특정 단체표준(TTA 표준)만 따르도록 하고 있다. 따라서, 제한수신 기술을 개방하고 기술 선택 자율성을 확대하기 위하여 IPTV 기술기준 개정을 추진하고 시험방법 표준 개정을 제안하였다.

『방송통신발전기본법』 제28조 및 『방송통신설비의 기술기준에 관한 규정』 제14조제2항에 따른 위임 고시 「단말장치 기술기준」(이하 '기술기준')은 방송통신망의 단말접속 기술방식(ISDN, ADSL 등)을 규정하고 있다. 정보통신기술은 계속 발전하고 있어 오래되어 사용하지 않는 단말접속 기술방식에 대한 기술기준 삭제 필요성이 검토되었다. 또한, 통신사와 시험기관은 서비스 수요는 없으나 기술기준 준수에 따라 서비스 유지 및 시험 의뢰가 없는 시험장비 관리에 대한 비용이 발생하고 있음을 확인하였다. 따라서 서비스 수요가 없는 기술방식을 삭제하기 위한 기술기준 개정을 추진하고 시험방법 표준 개정을 제안하였다.

제2장
구내통신설비 기술기준 개정

National
Radio
Research
Agency

제2장 구내통신설비 기술기준 개정

제1절 구내 10기가 서비스 제공을 위한 광케이블 설치 의무화

1. 추진 배경

VR, AR, 메타버스 등 통신서비스 기술이 발전함에 따라 인터넷 이용서비스는 다양화되고 있으며, [표 1]과 같이 인터넷 속도의 증가 주기가 단축되고 있다. 과학기술정보통신부에서는 10기가 인터넷 이후를 위한 선제적 인프라 정책을 마련하기 위해, '18년 ~ '22년 지능정보사회 구현을 위한 제6차 국가정보화 기본계획에서 '22년까지 10기가 인터넷 커버리지(85개 시 기준)를 50%까지 확대하는 계획을 발표하였다.

[표 1] 인터넷 속도 증가 현황

구 분	ADSL	VDSL	기가인터넷	10기가인터넷
케이블	동	꼬임(UTP)	꼬임(UTP)/광	광
속 도	8Mbps	100Mbps	1Gbps	10Gbps
시 기	1999년	2007년	2014년	2018년
		8년	7년	4년

그러나, 이러한 10기가 인터넷 커버리지 확대에도 불구하고 유선 인터넷은 이용자의 구내통신 배선의 성능에 따라 구현 가능한 속도가 달라진다. 예를 들어 [그림 1]과 같이, 건축물의 구내통신 인프라가 꼬임(UTP)케이블 CAT.5e로 구성이 된 경우 인터넷 속도는 최대 1기가의 인터넷 속도로 인하여 10기가 인터넷 속도 구현이 어렵다.

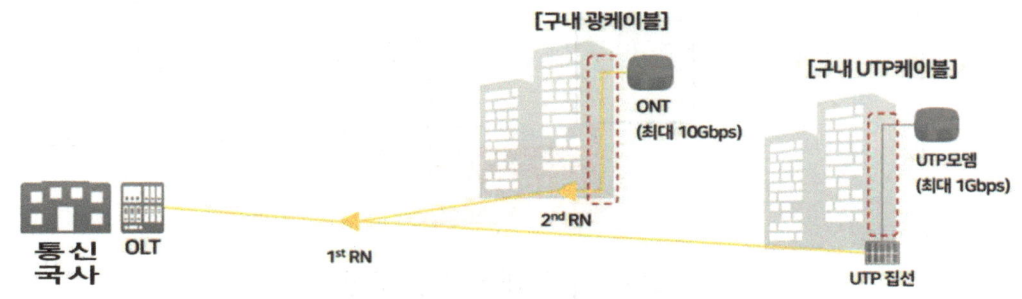

[그림 1] 기술방식별 인프라(광, UTP 케이블)구성, 속도 및 제한사항

현행 「방송통신설비의 기술기준의 관한 규정」 제20조 관련 [별표 4]는 주거용 건축물과 업무용건축물의 국선단자함에서 세대단자함 또는 인출구까지 꼬임케이블(4쌍 기준, 100MHz 이상 전송대역) 1회선 이상 또는 광섬유케이블 2코아 이상을 선택하여 설치하도록 규정되고 있다. 이에 따라 건설사, 시공업체 등은 광섬유케이블에 비해 시공이 쉬운 꼬임케이블 1회선(4쌍 기준)을 설치하여 전화서비스와 인터넷 서비스를 사용하고 있어, 10 기가 인터넷 서비스 제공의 어려운 실정이다.

또한, 현행 「방송통신설비의 기술기준의 관한 규정」 제20조 관련 [별표 4]에서는 [그림 2]와 같이 광다중화 기능을 갖는 국선단자함과 동단자함이 있는 경우 광섬유케이블 8코아 이상을 설치토록 규정하고 있다. 해당 규정의 취지는 4개의 통신사업자가 각 2코아(주, 예비)씩 사용할 수 있도록 규정한 것이나, 공사현장에서는 광케이블 8코아 중 일부를 타 용도로 사용하고 있어, 새로운 통신사업자 서비스 제공을 위한 진입시 회선이 부족한 실정이다. 따라서, 구내 10기가 인터넷서비스를 제공하기 위해서는 광케이블 의무화와 구내간선구간 광섬유케이블 8코아 이상에서 12코어 이상으로 상향하는 제도개선이 필요하다

본 절에서는 구내 10기가 통신서비스 제공을 위한 광케이블 설치 의무화 및 구내간선구간 8코아에서 12코어 이상으로 상향하기 위하여 현행 규정의 검토, 꼬임케이블과 광케이블의 비교검토, 현장조사, 연구반 회의 및 이해관계자의 의견수렴 등을 통해 개정을 추진하였다.

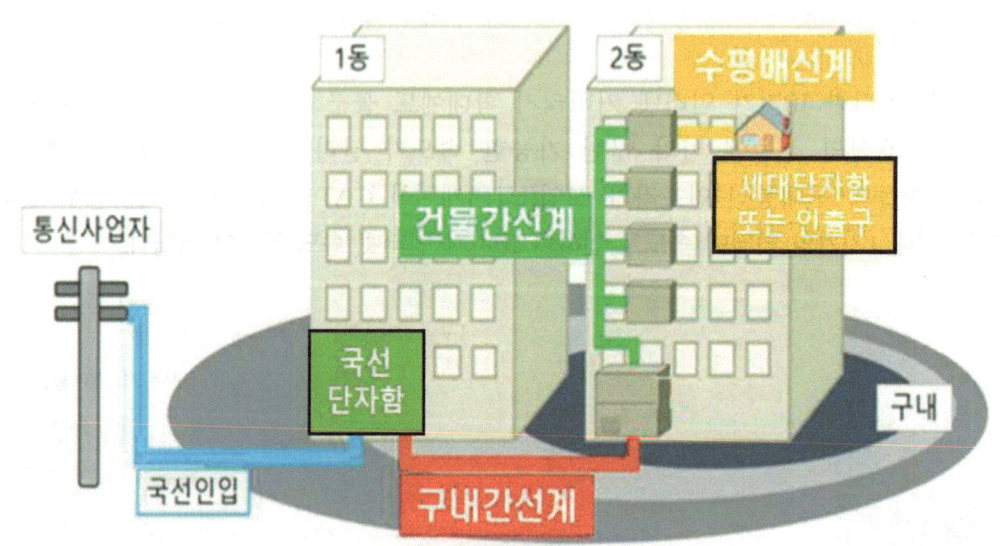

[그림 2] 구내통신망 구성도

2. 추진 경위

가. 연구반 구성

2022년도 구내통신·선로설비 기술기준 연구반은 과학기술정보통신부, 국립전파연구원, 화성시, 나주시, 군산대학교, ICT폴리텍대학, 충북대학교, 한국전자통신연구원, 정보통신산업연구원, KT, SKB, LGU+, SK에코플랜트, 두산에너빌리티, 한우리네트웍스, 문엔지니어링 한국정보통신감리협회, 한국정보통신공사협회, 한국통신사업자연합회, 한국정보통신진흥협회, 한국전파진흥협회, 한국방송통신산업협동조합 등 산·학·연·관 각 분야의 전문가들로 구성하였다.

나. 추진 경과

1) '21년 연구반 제1차 회의(2021. 3. 11): 2020년도 추진사항 안내 및 2021년도 제·개정 수요항목 검토

> - KT에서는 구내 10 Gbps 통신서비스의 제공을 위한 고시 32조 구내 통신선의 배선의 광섬유케이블 의무화 개선 제안
> - 케이블 의무화 시에는 고시뿐만 아니라, 기술기준규정(대통령령) 제20조 또한 선행 개정이 요구되므로 중장기 관점에서 추진이 필요함
> - 꼬임케이블 설치 시 10 Gbps를 지원할 수 있도록 cat.6a 등급을 최소 기준으로 도입도 가능(KT)
> - 해당 개선 제안의 필요성은 인정되어 연구반을 통해 검토하기로 함
> - KT에서는 해당제안의 해당제안에 대한 필요성과 당위성, 도입시 비용분석 및 이용자 권익 향상에 대한 자료 보강 후 차기회의 발표
> - KT와 KICA에서는 현행 기준인 cat.5e/cat.6a/광섬유케이블 설치비용에 대한 품셈을 분석하여 차기회의에서 발표토록 함

2) '21년 연구반 제2차 회의(2021. 4. 20): 구내 광케이블 의무화 관련 필요성, Cat.5e/Cat.6a/광섬유케이블 설치비용에 대한 품셈 검토 및 논의

> - 제출된 비용분석 결과에 대해 이견이 없으나, 기술기준 개선 사항의 현장적용을 위한 객관성 확보 차원에서 비용을 재산출이 필요함
> - 음성서비스 제공을 위한 별도의 cat.3 케이블과 광케이블 배선에 따른 비용 분석을 차기회의 전까지 관련 위원들을 대상으로 일정을 조정하여 검토 추진
> - 10 기가 서비스를 위한 구내통신구간에서의 광케이블 대체 시 통신사업자는 전기통신사업법의 전화역무를 준수한 대책이 필요

3) '21년 연구반 제3차 회의: 구내 광케이블 의무화 관련 제도 논의 (2021. 5. 27)

- 10 Gbps 서비스 제공을 위한 구내배선 설치비용 분석결과 모든 구간에 광케이블을 설치하는 케이스의 비용이 가장 낮게 도출됨
  ※ cat.6a 꼬임케이블이 현재 4페어까지의 규격만 제작되고 있어 품셈에 따른 재료 및 설치비용이 상당히 높게 책정되고 있음
- Cat. 6a와 광케이블 같이 사용할 경우 Cat. 5e 대비 Cat. 6a의 비용이 8~12배(인터넷 최저가 사이트) 높아 즉시 보급하도록 하는 것은 시기적으로 어려움
- 보편적 서비스 제공을 위해 기존 꼬임케이블(Cat.5e)에 광섬유 케이블 회선 추가하는 것이 현실적임
  ※ 광케이블 의무화의 경우 국민에게 보편적 역무 서비스를 어떻게 제공할 것인지에 대한 검토 필요
- 위 관련, KT는 수요적인 측면을 고려하여 구내통신 인프로 고도화제도 개선 필요성에 대한 내용으로 차기회의에서 발표하기로 함

4) 구내 10Gbps 서비스 제공을 위한 법령검토 및 개정안 마련(국립전파연구원 2021.06.02.)

- 10 Gbps 통신서비스와 전화서비스를 위해서는 『방송통신설비의 기술기준에 관한 규정』의 제20조 (회선수) [별표 4]의 개정검토가 필요하며, 마련된 개정초안은 다음과 같음
- 국선단자함에서 세대단자함 또는 인출구까지 꼬임케이블 1회선(4쌍 기준) (현행) 이상 또는 → (개정안) 이상과 광섬유케이블 2코아 이상 설치

5) 조기개정건의 1차(2021.06.11. KTOA, KT, LG U+, SKB, SKT 공동건의)

- 구내 통신 인프라 고도화를 위한 제도개선 본부에 건의하였으나, 고시에 대해서만 개정사항을 제안하여 대통령령 개정안을 마련하여 재건의하기로 함

6) 조기개정건의 2차(2021.09.10. KTOA, KT, LG U+, SKB 공동건의)

- 구내통신·선로설비 연구반에서 논의되었던 내용을 토대로 주거용건축물에 한하여 광케이블 의무화 관련 대통령령 개정안을 마련하여 재건의함

7) '21년 연구반 제4차 회의(2021. 11. 05): 구내통신 인프라 고도화를 위한 회선수 확보 기준 개정초안 논의 및 의견수렴

- KTOA에서는 본부에 건의했던 조기개정건의 2차를 발표하였으며, 공사협회에서는 구내배선 설치 비용분석 결과를 발표함
- 구내통신·선로설비 의견수렴결과 건설사, 공사협회, 통신사업자 의견수렴 결과 구내 10기가 서비스 제공을 위한 광케이블 의무화 취지에 대하여 적극 동의하며, 모든건축물에 개정 초안을 적용하는 것에 이견 없음

○ 이에 따라, 이를 포괄하는 개정초안을 마련하여 차기회의에 발표토록 함

8) '22년 연구반 제1차 회의(2022. 3. 2)

○ 건설사에서는 공사현장에서 기술기준에 의해 8코아를 설치하고 있으며, 통신사업자가 제안한 구내간선계 광케이블 8코아에서 12코어의 확장에 대해서는 이견없음

9) 구내간선계 광케이블 설치현황관련 현장조사 실시(2022. 4. 1, 12 2회)

○ 통신사업자 용도의 광케이블 8코아 중 건축주가 타용도로 광케이블 2코아 이상 사용중인 것을 확인하였으며, 향후 IPTV 사업자 회선 및 타용도 회선 확보를 위한 광섬유 케이블 12코아 확장 개정 필요성 공감

10) '22년 연구반 제2차 회의(2022. 4. 21)

○ 구내간선계 단일모드 광케이블 12코아 중 8코아는 통신사업자가 사용할 수 있도록 마련된 대통령령 개정초안에 대하여 입법 예고를 추진토록 함

11) 구내통신·선로설비 기술기준 고시 개정안 검토 회의(2022. 5. 4)

○ 대통령령 개정안에 맞추어 고시 개정초안을 마련하고, 통신용의 경우 단일모드 사용을 위한 고시 제33조제1항제1호의 단서조항 신설 추진

12) 방송통신설비의 기술기준 개정 초안에 대한 의견수렴 검토회의(2022. 05. 23.)

○ 광케이블 의무화 관련 기술기준 개정 추진에 따라 중소 통신설비 공사업체, 설계사들을 대상으로 개정초안 의견수렴 결과 이견 없었으며, 광케이블 의무화 취지에 적극 동의

13) '22년 연구반 제3차 회의(2022. 6. 3)

○ 구내 광케이블 의무화 관련 고시 개정안에 대하여 이견없었으며, 해당 고시 개정 초안은 대통령령 입법예고 일정을 맞추어 행정예고를 추진토록 함

3. 검토 내용

가. 현행 기술기준의 검토

「전기통신사업법」 제69조(구내용 전기통신선로설비 등의 설치)에 의거 「방송통신

설비의 기술기준에 관한 규정」제20조(회선수) 관련 [별표 4]에서는 업무용건축물과 주거용건축물의 구내통신 회선 수 확보기준 기준을 규정하고 있으며 [표 2]와 같다. 또한, 위임고시인「접지설비·구내통신설비·선로설비 및 통신공동구등에 대한 기술기준」제32조에서는 구내 통신선의 배선을 [표 3]과 같이 구내 통신선의 배선의 성능은 100 MHz 이상의 전송대역을 갖도록 규정하고 있다. 이를 통해, 주거용건축물과 업무용건축물의 국선단자함에서 세대단자함 또는 인출구까지 꼬임케이블(100 MHz 이상 전송대역) 1회선 이상 또는 광섬유케이블 2코아 이상을 선택하여 설치할 수 있는 것을 알 수 있다. 또한, 광다중화기능을 갖는 국선단자함과 동단자함이 있는 경우 구내간선구간은 광케이블 8코아 이상으로 설치할 수 있도록 규정하고 있다. 해당 규정의 취지는 4개의 통신사업자가 각각 주회선, 예비회선을 2코아씩 사용하여, 원활한 방송통신 서비스를 제공하기 위함이다.

[표 2]「방송통신설비의 기술기준에 관한 규정」제20조 관련 [별표 4]

구내통신 회선 수 확보기준(제20조제2항 관련)

대상건축물	회선 수 확보기준
1. 주거용 건축물	다음 각 목의 기준 중 어느 하나 이상을 충족할 것 가. 국선단자함에서 세대단자함 또는 인출구까지 단위세대당 1회선(4쌍 꼬임케이블 기준) 이상 또는 광섬유케이블 2코아 이상 나. 광다중화 기능을 갖는 국선단자함과 동단자함이 있는 경우에는 국선단자함에서 동단자함까지 광섬유케이블 8코아 이상, 동단자함에서 세대단자함이나 인출구까지 단위세대당 1회선(4쌍 꼬임케이블 기준) 이상 또는 광섬유케이블 2코아 이상
2. 업무용 건축물	다음 각 목의 기준 중 어느 하나 이상을 충족할 것 가. 국선단자함에서 세대단자함 또는 인출구까지 업무구역(10제곱미터)당 1회선(4쌍 꼬임케이블 기준) 이상 또는 광섬유케이블 2코아 이상 나. 광다중화 기능을 갖는 국선단자함과 동단자함이 있는 경우에는 국선단자함에서 동단자함까지 광섬유케이블 8코아 이상, 동단자함에서 세대단자함이나 인출구까지 업무구역(10제곱미터) 당 1회선(4쌍 꼬임케이블 기준) 이상 또는 광섬유케이블 2코아 이상

비고
1. 위 표 제1호 및 제2호 외의 건축물은 건축물의 용도를 고려하여 위 표 제1호 또는 제2호에 따른 회선 수 확보기준을 신축적으로 적용할 수 있다.
2. 위 표에서 "세대단자함"이란 세대에 인입되는 통신선로 등의 배선을 효율적으로 분배·접속하기 위하여 이용자의 주거 용도로만 쓰이는 실내공간에 설치되는 분배함을 말한다.
3. 위 표에서 "동단자함"이란 건물 상호간을 연결하는 통신케이블과 건물 내 수직 구간을 연결하는 통신케이블을 종단하여 상호 연결하는 통신용 분배함을 말한다.

[표 3] 「접지설비·구내통신설비·선로설비 및 통신공동구등에 대한 기술기준」 제32조

> 제32조(구내 통신선의 배선) ① 구내 통신선은 다음 각 호와 같은 선로로 설치하여야 한다.
> 1. 구내간선케이블, 건물간선케이블 및 수평배선케이블은 100 ㎒ 이상의 전송대역을 갖는 꼬임케이블, 광섬유케이블 또는 동축케이블을 사용하여야 한다.
> 2., ②, ③ <생 략>

[표 4]는 꼬임케이블과 광케이블의 비교표를 보여준다. 100 MHz 이상 전송대역을 갖는 꼬임케이블은 CAT.5e 해당하므로 최대 1 Gbps의 속도밖에 제공하지 못한다. 10 Gbps 이상 인터넷서비스 제공은 어렵다. 이를 보완하기 위해 500 MHz 이상 전송대역을 갖는 CAT.6a의 꼬임케이블을 사용한다면, 10 Gbps 이상 인터넷서비스 제공이 가능하다. 그러나, CAT.6a는 현재 4페어 제품만 생산(CAT.5e의 경우 25페어까지 생산됨)되고 있으므로 배관, 배선의 수량이 증가할 뿐만아니라 간섭신호 차단구조를 갖는 십자형 차단막이 추가되기 때문에 광케이블에 비해 약 1.7배정도 비싸고, 100 MHz 이상 전송대역을 갖는 꼬임케이블과 대비 약 6.3배 정도 비싸 과다한 구축비용 수반되어 건축주가 선호도가 낮고, 효율적인 구내통신망 구축이 현실적으로 어려울 것으로 판단된다. 따라서, 구내 10 Gbps 이상 인터넷 서비스를 제공받기 위해서는 광케이블 의무화가 필요하다.

[표 4] 꼬임케이블과 광케이블 비교표

구 분	꼬임(UTP) 케이블		광섬유케이블
	CAT.5e	CAT.6a	
그림			
전송대역	100Mhz	500Mhz	-
인터넷 최대속도	1Gbps	최대 10Gbps	10Gbps이상
자재 단가(원)*	2,620(4쌍)	16,740(4쌍)	7,820(4코아) 8,520(8코아) 9,720(12코아)
장점	○ CAT.6a 대비 약 6배	○ 최대 10 Gbps의 고속	○ 10 Gbps이상의 데이터

	정도 저렴	데이터 통신 가능	통신 확장 가능 ○ CAT.6a 대비 가격저렴
단점	○ 10 Gbps 데이터 통신 불가	○ 향후 10 Gbps이상 데이터통신 확장 불가 ○ 광케이블 대비 가격이 약 1.7배 정도 비쌈	○ 유선전화서비스 어려움(인터넷 전화 가능하나, 정전 시 통화 서비스가 어려움)

* 산출기준 : 케이블은 10m 기준으로 적용, 자재단가는 조달청, 한국물가정보를 적용

그러나, 구내 10기가의 인터넷서비스를 위해 광케이블만을 이용한다면 재난상황으로 인한 정전 시 긴급통화가 가능한 유선전화서비스 제공이 어려움이 있다. 꼬임케이블을 이용한 유선전화 서비스(PSTN기반)는 기간통신사업자의 통신국사로부터 유선전화기까지 전원이 공급되어, 재난으로 인한 정전 발생시 이용자에게 전화서비스 제공이 가능하다. 이에 따라, [표 5], [표 6]과 같이 「전기통신사업법」 제4조제3항에 따른 「전기통신사업법 시행령」 제2조제1항 제1호 유선전화서비스가 보편적역무를 적용하면서, 초고속 인프라 정책을 위해서는 꼬임케이블과 광케이블을 병행하여 사용하는 것이 필요하다.

[표 5] 「전기통신사업법」 제4조 보편적 역무의 제공 등

제4조(보편적 역무의 제공 등) ① 모든 전기통신사업자는 보편적 역무를 제공하거나 그 제공에 따른 손실을 보전(補塡)할 의무가 있다.
② <생략>
③ 보편적 역무의 구체적 내용은 다음 각 호의 사항을 고려하여 대통령령으로 정한다.
1.~ 5. <생략>

[표 6] 「전기통신사업법 시행령」 제2조 보편적 역무의 내용

제2조(보편적 역무의 내용)
① 「전기통신사업법」(이하 "법"이라 한다) 제4조제3항에 따른 보편적 역무의 내용은 다음 각 호와 같다. <개정 2019. 6. 11.>
 1. 유선전화 서비스
 1의2. 인터넷 가입자접속 서비스
 2. 긴급통신용 전화 서비스
 3. 장애인·저소득층 등에 대한 요금감면 서비스

다. 구내간선구간 광섬유케이블 설치 현황 조사

실제 광다중화 기능을 갖는 국선단자함과 동단자함이 있는 경우 광섬유케이블 8코아에 대한 제도개선을 위하여, 실제 건설현장에서 광섬유케이블 8코아가 쓰이는 용도를 파악하고, 광섬유케이블 8코아에서 12코어로 확장하는 개정(안)의 타당성을 검증하기 위하여 현장조사를 실시하였다. 현장조사는 4월 1일, 4월 12일 2회에 걸쳐

광다중화 기능을 갖춘 500세대 이상 공동주택 5개소에 대하여 실시하였다.

현장조사 결과 [표 7], [그림 3]과 같이 구내간선구간 광섬유케이블 8코아 중 2코아 이상을 건축주가 타용도로 사용하는 것으로 파악되었다. 이를 통해 향후, 공동주택에 새로운 서비스 진입 시 회선이 부족하여 서비스를 제공받기 어려울 것으로 예상되며 광섬유케이블 12코어 이상 상향에 대해서 필요성을 공감하였다.

[표 7] 구내간선구간 광섬유케이블 설치 현황 조사

공동주택	구내간선 구간 회선수	통신 사업자 용도 회선수	건축주 용도 회선수	특이사항
A	8코아	6 (주,예비 각 3코아)	2	건축주가 2코아 사용을 위해 통신사업자에게 통보
B	8코아	6 (주,예비 각 3코아)	2	건축주가 2코아 사용을 위해 통신사업자에게 통보
C	12코아	8 (주,예비 각 4코아) (통신사 4코아 증설)	4	건축주가 4코아 사용을 위해 통신사업자에게 통보하여, 통신사업자가 4코아를 증설
D	10코아	6 (주,예비 각 3코아)	4	건축주가 4코아 사용을 위해 통신사업자에게 통보
E	8코아	6 (주,예비 각 3코아)	2	건축주가 2코아 사용을 위해 통신사업자에게 통보

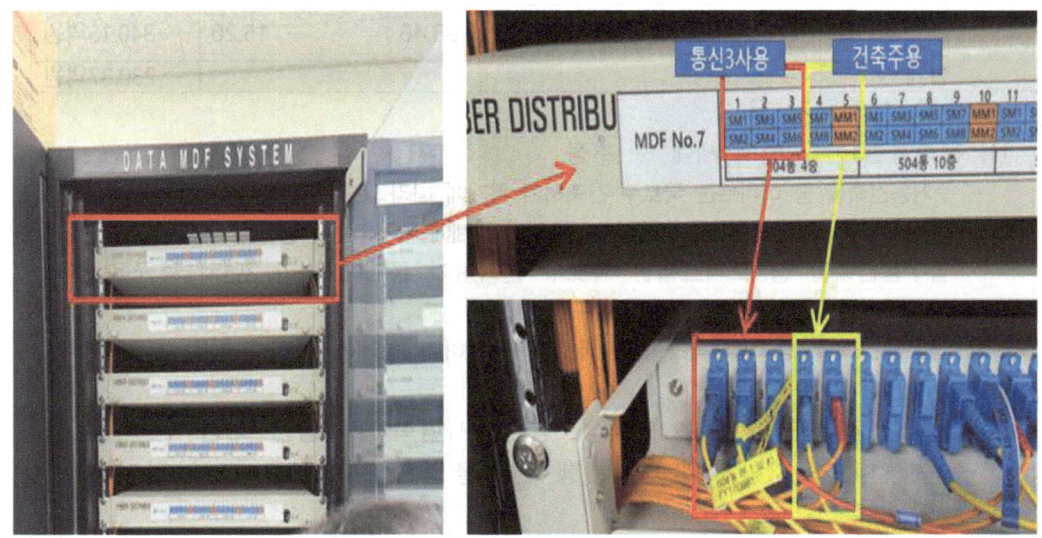

[그림 3] 공동주택 집중구내통신실 광케이블 설치 주요 현황

라. 비용편익 분석

10기가 인터넷서비스와 유선전화서비스를 위해서는 광섬유케이블과 꼬임케이블을 병행하여 설치가 필요하므로 현행 선택적으로 케이블을 규정하는 회선수 확보기준 개정시 강화된 규제가 적용되어 광섬유케이블과 꼬임케이블을 병행설치하는 기준으로 변경된다. 이에 따라 [표 8]과 같이 비용·편익 분석을 실시하였으며, 구내광케이블 의무화 시 10기가 인터넷 서비스 제공을 통해 국민에게 약 1,212.13억원 정도의 편익창출이 예상된다.

[표 8] 구내통신 광케이블 의무화 관련 비용·편익 분석

▶ (비용) 개정(안)에 따른 구내통신 회선 수 설치 비용 대비 현행 구내통신 회선 수 설치 비용 : 연간 230.87억원
○ 건축물별 비용 추정 방법 : (개정안에 따른 1세대당 비용 증분) × (신규 주택 세대 수)
  - 1세대당 개정안에 따른 비용 증분은 주거용(아파트,비아파트), 업무용(오피스텔, 비오피스텔)별로 개정안과 현행을 준수하였을 비용 차를 감안하여 산출

<현행안과 개정안 비용 요약(세대별 및 업무구역)>

건축물		(1) 신규 주택 수(호)	(2) 개정(만원)	(3) 현행(만원)	(4) 총 비용 {(1)×((2)-(3)}
주거용	아파트	405,503	39.06	36.57	100.97억원
	비아파트	69,459	30.40	18.67	81.48억원
업무용	오피스텔*	113,031	30.64	-	-291.72억원
		623,700 (연면적)	-	10.23	
	비오피스텔	411,800 (연면적)	23.46	15.20	340.15억원
합계			-		230.87억원

※ 주요 산출근거 요약
(1) 건축물별 신규 주택 세대 수 추정
  - 주거용건축물 중 아파트는 국토부 건축허가 통계에 따라 5년치 평균을 추정 (405,502호)
  - 주거용건축물 중 비아파트는 국토부 건축허가 통계에 따라 5년치 평균을 추정 (69,459호)
  - 업무용건축물 중 오피스텔은 국토부 건축허가 통계에 따라 3년치 평균을 추정 (113,031호, 623,700 업무구역)
  - 업무용건축물 중 비오피스텔은 국토부 건축허가 통계에 따라 3년치 평균을 추정 (411,800 업무구역)
(2)(3) 개정과 현행 비용은 한국정보통신공사협회 구내통신 회선 수 비용 산출 결과와 지방자치단체 현행 건축물 회선 수 현황 조사 결과를 반영
(4) 총 비용은 신규 주택 수(호)에 개정 비용과 현행 비용을 각각 곱하여 그 결과의 차로 규제비용을 산출
  - 오피스텔의 경우 개정안에서는 주거용건축물로 분류되어 세대별 호 수를

| 적용하고 현행은 업무용건축물로 분류되어 업무구역을 적용 |

▶ (편익) 꼬임케이블 1회선과 광케이블 2코어 이상 설치시 파급효과 : 연간 1,443억원
  ○ 연간 광가입자망에 접속하는 가입자 증가 수* (546,749명) × 연간 광가입자망으로 전환하는 가입자들의 기대 편익 지출 비용** (264,000원=22000*12)= 1,443억원

* 광가입자망 가입자 증가 수는 과기정보통신부 통계에 근거하여 계산한 결과 향후 연간 평균 546,749명 정도가 증가할 것으로 계산됨(선형예측 결과)
  · 현재 광가입자망 가입자는 5년간 연간 평균 50만명 정도 증가하고 있으며, 선형예측 결과 2030년까지 연간 평균 546,749명 정도가 증가할 것으로 계산됨
** 이용자 구내에 광케이블이 구축되면 광가입자망을 통한 메타버스, 증감·가상 현실 서비스 등의 고속, 고품질 서비스가 가능하며 가입자들에게 편익을 제공함
 ·가입자들은 편익을 받기 위해서는 광가입자망 서비스 비용 요구되고 있음
 ·가입자당 편익비용은 광가입자망 서비스 비용에서 꼬임케이블 등의 기타 서비스 비용을 차감하여 산출할 수 있음
 ·통신사업자 광가입자망 최저 요금은 월 44,000원 정도이며, 꼬임케이블을 이용한 최저 요금은 월 22,000원 정도고 1가입자당 연간 환산시 264,000원이 편익 비용 지출이 가능함

마. 개정(안) 주요내용

구내 10기가 서비스 제공을 위한 광섬유케이블 의무화 설치 개정에 대한 주요 내용은 [표 9]와 같다.

[표 9] 개정(안) 주요 내용

○ 꼬임케이블과 광섬유케이블을 병행 설치토록 구내통신 회선 수 확보 기준 강화하고, 단일모드 광섬유케이블을 사용 - (현행) 꼬임케이블 또는 광섬유케이블 → (개정안) 꼬임케이블 및 단일모드 광섬유케이블
○ 광다중화 기능을 갖는 국선단자함과 동단자함이 있는 경우 (현행) 광섬유케이블 8코아 → (개정안) 광섬유케이블 12코어로 확장
○ 업무용건축물의 회선수 확보기준에서 (현행) '세대단자함' → (개정안) '실단자함' 으로 용어 변경
○ 위 관련, 방송통신설비의 기술기준에 관한 규정(대통령령)및 세부 기술기준 고시 개정안 마련

4. 개정(안) 신구 대비표

가. 방송통신설비의 기술기준에 관한 규정

현 행	개정(안)
[별표 4] 구내통신 회선 수 확보기준 (제20조제2항 관련)	[별표 4] 구내통신 회선 수 확보기준 (제20조제2항 관련)
대상건축물 / 회선 수 확보기준	대상건축물 / 회선 수 확보기준
1. 주거용 건축물 / 다음 각 목의 기준 중 어느 하나 이상을 충족할 것 가. 국선단자함에서 세대단자함 또는 인출구까지 단위세대당 1회선(4쌍 꼬임케이블 기준) 이상 또는 광섬유케이블 2코	1. 주거용 건축물 / 다음 각 목의 기준 중 어느 하나 이상을 충족할 것 가. 국선단자함에서 세대단자함 또는 인출구까지 단위세대당 1회선(4쌍 꼬임케이블 기준) 이상 및 단일모드 광섬유

	아이상 나. 광다중화기능을 갖는 국선단자함과 동단자함이있는 경우에는 국선단자함에서 동단자함까지 <u>광섬유케이블 8코아</u>이상, 동단자함에서 세대단자함이나 인출구까지 단위세대당 1회선(4쌍 꼬임케이블 기준) 이상 <u>또는 광섬유케이블 2코아</u>이상		<u>케이블 2코어</u>이상 나. 광다중화기능을 갖는 국선단자함과동단자함이있는 경우에는 국선단자함에서동단자함까지<u>단일모드 광섬유케이블 12코어</u> 이상, 동단자함에서세대단자함이나인출구까지 단위세대당 1회선(4쌍 꼬임케이블 기준) 이상 <u>및 단일모드 광섬유케이블 2코어</u>이상
2. 업무용 건축물	다음 각 목의 기준 중 어느 하나 이상을 충족할 것 가. 국선단자함에서<u>세대단자함</u>또는 인출구까지 업무구역(10제곱미터)당 1회선(4쌍 꼬임케이블 기준) 이상 <u>또는 광섬유케이블 2코아</u>이상 나. 광다중화기능을 갖는 국선단자함과동단자함이있는 경우에는 국선단자함에서동단자함까지<u>광섬유케이블 8코아</u>이상, 동단자함에서<u>세대단자함</u>이나인출구까지 업무구역(10제곱미터)당 1회선(4쌍 꼬임케이블 기준) 이상 <u>또는 광섬유케이블 2코아</u>이상	2. 업무용 건축물	다음 각 목의 기준 중 어느 하나 이상을 충족할 것 가. 국선단자함에서<u>실단자함</u>또는 인출구까지 업무구역(10제곱미터)당 1회선(4쌍 꼬임케이블 기준) 이상 <u>및 단일모드 광섬유케이블 2코어</u>이상 나. 광다중화기능을 갖는 국선단자함과동단자함이있는 경우에는 국선단자함에서동단자함까지<u>단일모드 광섬유케이블 12코어</u>이상, 동단자함에서<u>실단자함</u>이나인출구까지 업무구역(10제곱미터)당 1회선(4쌍 꼬임케이블 기준) 이상<u>및 단일모드 광섬유케이블 2코어</u> 이상

비고

1. 위 표 제1호 및 제2호 외의 건축물은 건축물의 용도를 고려하여 위 표 제1호 또는 제2호에 따른 회선 수 확보기준을 신축적으로 적용할 수 있다.
2. 위 표에서 "세대단자함"이란세대에 인입되는통신선로 등의 배선을 효율적으로 분배·접속하기위하여 이용자의 주거 용도로만 쓰이는 실내공간에 설치되는 분배함을 말한다.

비고

1. 위 표 제1호 및 제2호 외의 건축물은 건축물의 용도를 고려하여 위 표 제1호 또는 제2호에 따른 회선 수 확보기준을 신축적으로 적용할 수 있다.
2. 위 표에서 "세대단자함"이란세대에 인입되는 통신선로 등의 배선을 효율적으로 분배·접속하기위하여 이용자의 주거 용도로만 쓰이는 실내공간에 설치되는 분배함을 말한다.

현 행	개정(안)
<신설>	2의2. 위 표에서 "단일모드 광섬유케이블"이란 빛의 전파 형태가 한 가지인 광섬유케이블을 말한다.
3. 위 표에서 "동단자함"이란 건물 상호간을 연결하는 통신케이블과 건물 내 수직 구간을 연결하는 통신케이블을 종단하여 상호 연결하는 통신용 분배함을 말한다.	3. 위 표에서 "동단자함"이란 건물 상호간을 연결하는 통신케이블과 건물 내 수직 구간을 연결하는 통신케이블을 종단하여 상호 연결하는 통신용 분배함을 말한다.
<신설>	4. 위 표에서 "실단자함"이란 고정된 벽 등으로 반영구적으로 구분된 장소에 인입되는 통신선로 등의 배선을 효율적으로 분배·접속하기 위하여 이용자의 업무 용도로만 쓰이는 실내공간에 설치되는 분배함을 말한다.
<신설>	5. 위 표 제1호나목 및 제2호나목에 따른 국선단자함에서 동단자함까지의 단일모드 광섬유케이블 중 8코어 이상은 국선과 접속하기 위한 용도로 사용한다.

나. 접지설비·구내통신설비·선로설비 및 통신공동구등에 대한 기술기준

현 행	개정(안)
제30조(중간단자함및 세대단자함등) ① (생 략) ② 주거용건축물 중 공동주택의 경우에는 세대별로 배선의 인입 및 분기가 용이하도록 세대단자함을 설치하여야 한다. 단, 세대 내에서 분기가 없는 기숙사 및 주택법시행령 제10조제1항제1호에서 규정하는 원룸형 주택의 모든 요건을 갖춘 주택은 제외한다. ③ 제1항 및 제2항의 규정에 의한 중간단자함 및 세대단자함의 요건은 별표 5와 같다.	제30조(중간단자함및 세대단자함등) ① (현행과 같음) ② 주거용건축물 중 공동주택 및 준주택오피스텔경우에는 세대별로 배선의 인입 및 분기가 용이하도록 세대단자함을 설치하여야 한다. 단, 세대 내에서 분기가 없는 기숙사, 주택법시행령 제10조제1항제1호에서 규정하는 원룸형 주택의 모든 요건을 갖춘 주택, 준주택오피스텔은 제외한다. ③ 제1항 및 제2항의 규정에 의한 중간단자함, 세대단자함, 제31조제2항에 따른 실단자함의 요건은 별표 5와 같다.
[별표 5](제30조제3항 관련) 중간단자함또는 세대단자함등의 요건	[별표 5](제30조제3항 관련) 중간단자함또는 세대단자함등의 요건

구분	중간단자함 또는 세대단자함	
	꼬임케이블	광섬유케이블

구분	중간단자함, 세대단자함, 실단자함	
	꼬임케이블	광섬유케이블

제32조(구내 통신선의 배선) ① 구내 통신선은 다음 각 호와 같은 선로로 설치하여야 한다. 1. 구내간선케이블, 건물간선케이블 및 수평배선케이블은 100 ㎒ 이상의 전송대역을 갖는 꼬임케이블, 광섬유케이블 또는 동축케이블을 사용하여야 한다. <단서 신설> 2. (생 략) ② 제1항에도 불구하고 국선단자함에서동단자함까지광섬유케이블 8코아이상을 설치한 경우 구내간선케이블은 16 ㎒ 이상의 전송대역을 갖는 꼬임케이블을 설치할 수 있으며, 건물간선케이블 및 수평배선케이블과 상호 접속될 수 있어야 한다. ③ 제1항 및 "규정" 제20조의 최소 회선수 확보기준을 충족하는 경우에는 아날로그 음성전화 전용의 구내간선케이블로서 16 ㎒ 이상의 전송대역을 갖는 꼬임케이블을 추가하여 설치할 수 있으며, 건물간선케이블 및 수평배선케이블과 상호 접속될 수 있어야 한다.	제32조(구내 통신선의 배선) ① 구내 통신선은 다음 각 호와 같은 선로로 설치하여야 한다. 1. 구내간선케이블, 건물간선케이블 및 수평배선케이블은 100 ㎒ 이상의 전송대역을 갖는 꼬임케이블, 광섬유케이블 또는 동축케이블을 사용하여야 한다. 이 경우 사업용방송통신설비와의접속을 위한 광섬유케이블은 단일모드 광섬유케이블을 사용하여야 한다. 2. (현행과 같음) ② 제1항에도 불구하고 국선단자함에서동단자함까지 단일모드 광섬유케이블 12코어이상을 설치한 경우 구내간선케이블은 16 ㎒ 이상의 전송대역을 갖는 꼬임케이블을 설치할 수 있으며, 건물간선케이블 및 수평배선케이블과 상호 접속될 수 있어야 한다. <삭 제>
[별표 11] (제33조제1항 관련) 주거용건축물의 구내배선 표준도 1. 한 개의 공동주택인 경우	[별표 11] (제33조제1항 관련) 주거용건축물의 구내배선 표준도 1. 한 개의 공동주택 및 준주택오피스텔인 경우

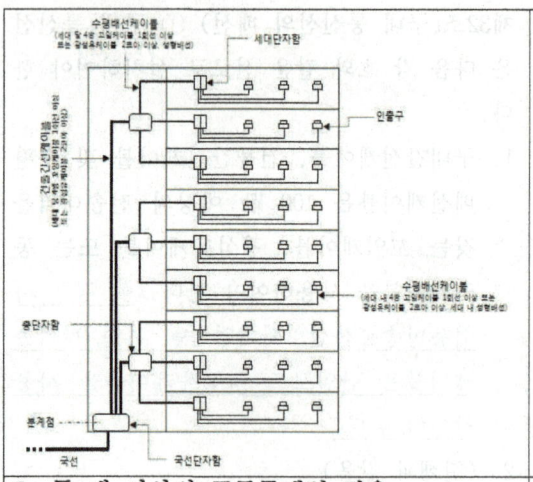

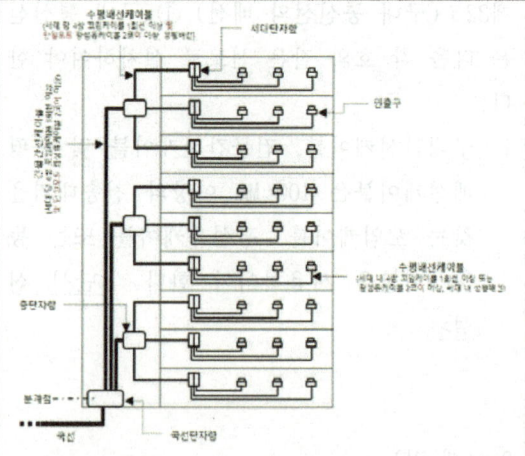

2. 두 개 이상의 공동주택인 경우

2. 두 개 이상의 공동주택 및 준주택오피스텔인 경우

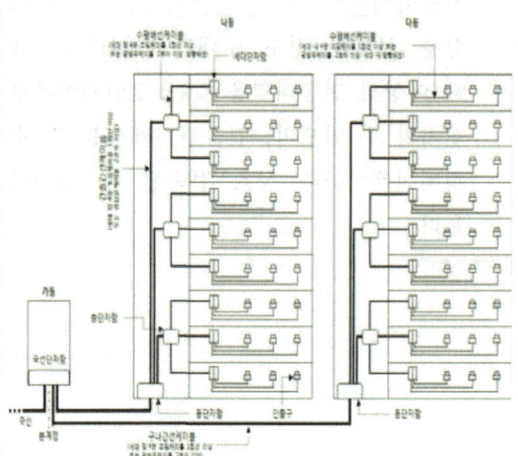

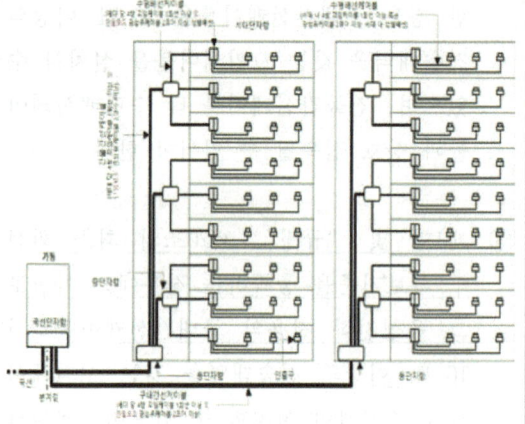

주) 1. 국선단자함과 동단자함이 광다중화 기능을 갖는 경우, 구내간선케이블은 광섬유케이블 8코아 이상, 동단자함에서 세대단자함 또는 인출구까지의 건물간선케이블 및 수평배선케이블은 단위세대당 1회선(4쌍 꼬임케이블 기준) 이상 또는 광섬유케이블 2코아 이상으로 설치할 수 있다.

2. 국선단자함이 나동 또는 다동 등 어느 하나의 공동주택 내부 또는 인접하여 설치된 경우에는 제3조제1항제11의2호의 단서 조건에 따라 국선단자함이 설치되는 공간을 별도의 건물로 적용할 수 있으며, 해당 공동주택에 구내간선케이블을 설치하여 동

주) 1. 국선단자함과 동단자함이 광다중화 기능을 갖는 경우, 구내간선케이블은 단일모드 광섬유케이블 12코어 이상, 동단자함에서 세대단자함 또는 인출구까지의 건물간선케이블 및 수평배선케이블은 단위세대당 1회선 (4쌍 꼬임케이블 기준) 이상 및 단일모드 광섬유케이블 2코어 이상을 설치하여야 한다.

2. 국선단자함이 나동 또는 다동 등 어느 하나의 공동주택및 준주택오피스텔 내부 또는 인접하여 설치된 경우에는 제3조제1항제11호의2의 단서 조건에 따라 국선단자함이 설치되는 공간을 별도의 건물로 적용할 수 있으며, 해당 공동주택및 준주택오피스텔에

단자함에 배선할 수 있다.	구내간선케이블을 설치하여 동단자함에 배선할 수 있다.
[별표 12] (제33조제2항 관련) 업무용 및 기타건축물의 구내배선 표준도 1. 한 개의 건물인 경우	[별표 12] (제33조제2항 관련) 업무용 및 기타건축물의 구내배선 표준도 1. 한 개의 건물인 경우
2. 두 개의 건물인 경우	2. 두 개의 건물인 경우
주) 1. 국선단자함과 동단자함이 광다중화 기능을 갖는 경우, 구내간선케이블은 광섬유케이블 8코아 이상, 동단자함에서 세대단자함 또는 인출구까지의 건물간선케이블 및 수평배선케이블은 각 업무구역(10제곱미터) 당 1회선(4쌍 꼬임케이블 기준) 이상 또는 광섬유케이블 2코아 이상으로 설치할 수 있다. 2. 국선단자함이 나동 또는 다동 등 어느 하나의 건물 내부 또는 인접하여 설치된 경우에는 제3조제1항제11의2호의 단서 조건에 따라 국선단	주) 1. 국선단자함과 동단자함이 광다중화 기능을 갖는 경우, 구내간선케이블은 <u>단일모드 광섬유케이블 12코어</u> 이상, 동단자함에서 <u>실단자함</u> 또는 인출구까지의 건물간선케이블 및 수평배선케이블은 각 업무구역(10제곱미터) 당 1회선(4쌍 꼬임케이블 기준) <u>이상 및 단일모드 광섬유케이블 2코어 이상을 설치하여야 한다.</u> 2. 국선단자함이 나동 또는 다동 등 어느 하나의 건물 내부 또는 인접하여 설치된 경우에는 제3조제1항제11호의2의 단서 조건에 따라 국선단

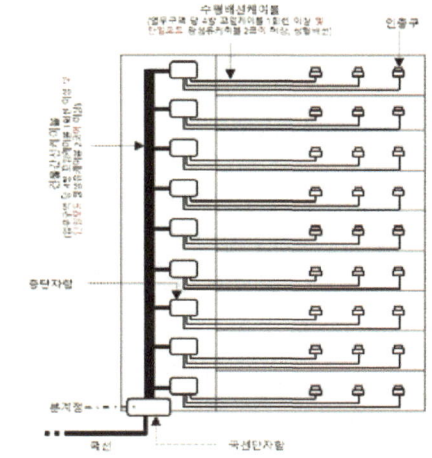

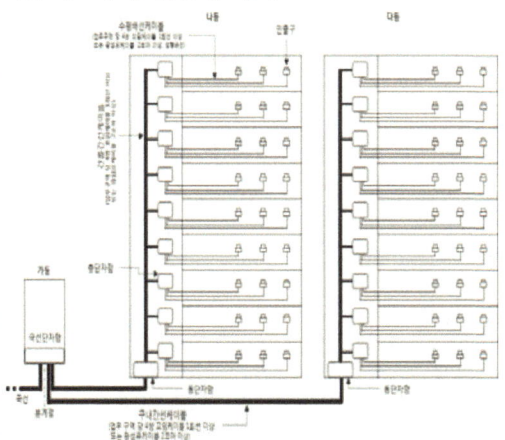

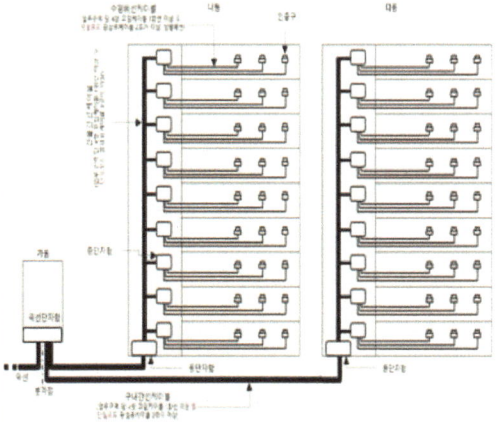

자함이 설치되는 공간을 별도의 건물로 적용할 수 있으며, 해당 건물에 구내간선케이블을 설치하여 동단자함에 배선할 수 있다. <신　설>	자함이 설치되는 공간을 별도의 건물로 적용할 수 있으며, 해당 건물에 구내간선케이블을 설치하여 동단자함에 배선할 수 있다. 3. 규정 제3조제1항제16호에 따른 준주택오피스텔은 제외한다.

제2절 주거목적 오피스텔 구내통신 회선수 기준 개선 연구

1. 추진 배경

최근 주거목적용 업무시설(오피스텔)의 보급 확산으로 인하여, 유사한 건축구조를 갖는 공동주택(주거시설)과 동일한 구내통신선로설비 설치기준 적용요구가 급증하고 있다. 그러나, 오피스텔은 「건축법 시행령」 [별표 1]의 제14호에 따라 업무시설로 분류되어 있어, 구내통신 회선 수가 과도하게 설치되고 있는 실정이다. 예를 들어, [표 10]과 같이 세대 전용면적이 85제곱미터인 경우 「방송통신설비의 기술기준에 관한 규정」 제20조에서는 관련 [별표 4]에 의해서 세대당 회선 수는 공동주택 1회선, 주거목적 오피스텔은 9회선을 설치하게 된다.

이에 따라, 주거목적으로 하는 오피스텔에 대한 회선수 개선이 필요하다. 본 절에서는 주거목적 오피스텔 구내통신 회선수 기준 개선을 위해 현행규정을 검토하고 오피스텔 관련법규 현황 등을 조사하여 연구반 회의 및 이해관계자의 의견수렴 등을 통해 개정을 추진하였다.

[표 10] 「방송통신설비의 기술기준에 관한 규정」 제20조 [별표 4] 주요내용

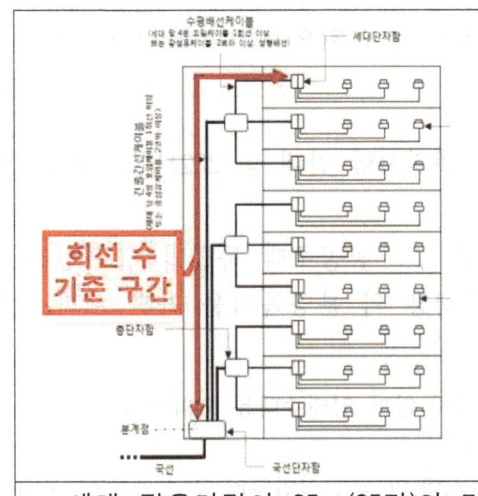

	○ 제1호 주거용건축물 : 단위세대당 꼬임케이블 1회선 또는 광케이블 2코어 이상 설치
	○ 제2호 업무용건축물 : 업무구역 10제곱미터당 꼬임케이블 1회선 또는 광케이블 2코어 이상 설치
	* 현재 오피스텔은 주거용·업무용 구분없이 건축법에 의해 모두 업무용건축물로 규정

☞ 세대 전용면적이 85㎡(25평)인 경우에 세대별 최소요구 회선 수는 공동주택은 1회선, 주거용 오피스텔은 9회선 설치

2. 추진경위

가. 연구반 구성

2022년도 구내통신·선로설비 기술기준 연구반은 과학기술정보통신부, 국립전파연구원, 화성시, 나주시, 군산대학교, ICT폴리텍대학, 충북대학교, 한국전자통신연구원, 정보통신산업연구원, KT, SKB, LGU+, SK에코플랜트, 두산에너빌리티, 한우리네트웍스, 문엔지니어링 한국정보통신감리협회, 한국정보통신공사협회, 한국통신사업자연합회, 한국정보통신진흥협회, 한국전파진흥협회, 한국방송통신산업협동조합 등 산·학·연·관 각 분야의 전문가들로 구성하였다.

나. 추진 경과

1) '20년도 연구반 제1차 회의(2020. 2. 12): 주거목적 업무시설(오피스텔)에 대한 회선수를 업무구역당이 아닌 단위세대당으로 완화하는 방안에 대해 논의

> ○ 건축업체, ETRI 등에서 오피스텔에 대한 국토부 입장을 확인토록 요청

2) '20년도 연구반 제1차 회의(2020. 7. 3): 주거용 오피스텔(업무시설)의 회선수 확보기준 개선방안에 대하여 추진경과, 검토이슈 등이 논의

> ○ 국토부 국민신문고 회신결과 건축법령에서 오피스텔은 업무시설로 보고 주거용으로는 적용하지 않으므로, 「주택법」, 「공공주택 특별법」, 「민간임대주택 특별법」에서 정하고 있는 주택 개념을 도입한 준주택(오피스텔)에 대해서 개정 검토 추진이 필요함

3) 연구반 제1차 회의(2021. 3. 11): 2020년도 추진사항 안내 및 2021년도 제·개정 수요항목 검토

4) 연구반 제3차 회의 (2021. 5. 27): 주택법」, 「공공주택 특별법」, 「민간임대주택 특별법」에서 정하고 있는 임대주택용 외 분양목적을 가진 오피스텔에 대한 논의

> ○ 오피스텔이 주거용도로 사용한다는 근거가 명확치 않아 임대주택용 오피스텔로 그 범위를 한정하기로 함
> ○ 위 관련 LH에서는 임대주택용 업무시설(오피스텔)의 국선인입부터 인출구까지 구내통신선로설비의 설치기준이 주거용 또는 업무용으로 설계되는지 여부를 확인하기로 함

5) LH에서는 주거시설인 행복주택의 경우 극히 일부만 준주택(오피스텔)로 승인을 받은 경우가 있는데 별도의 기준이 없어 공동주택 기준을 적용한다는 답변을 받음(2021.06.25.)

6) 임대주택용 오피스텔 외 국토부의 주택안정화정책방향에 맞추어 「오피스텔 건축기준」의 바닥난방 설치허용 면적도 고려하여 기술기준 개정이 필요할 것으로 논의(2021.10, 전파연구원, ETRI)

7) 연구반 제4차 회의(2021. 11. 05): 주거용도 업무시설(오피스텔)의 구내통신 회선 수 확보 기준 개정초안 논의

> ○ 의견수렴결과 주택법」, 「공공주택 특별법」, 「민간임대주택 특별법」과 「오피스텔 건축기준」에서 정하는 바닥난방을 허용하는 면적에 의거한 주거목적 오피스텔에 대하여 위원들 모두 이견 없었음
> ○ 이에 따라, 이를 포괄하는 개정초안을 마련하여 차기회의에 발표토록 함

8) '22년 연구반 제1차 회의(2022. 3. 2)

> ○ 마련된 개정안에 대하여 특별한 이견없음

9) '22년 연구반 제2차 회의(2022. 4. 21)

> ○ 마련된 대통령령 개정초안에 대하여 입법 예고를 추진토록 함

10) 구내통신·선로설비 기술기준 고시 개정안 검토 회의(2022. 5. 4)

> ○ 대통령령 개정안에 맞추어 고시 개정초안을 마련

11) 방송통신설비의 기술기준 개정 초안에 대한 의견수렴 검토회의(2022. 05. 23.)

> ○ 광케이블 의무화 관련 기술기준 개정 추진에 따라 중소 통신설비 공사업체, 설계사들을 대상으로 개정초안 의견수렴 결과 이견 없음

12) '22년 연구반 제3차 회의(2022. 6. 3)

> ○ 고시 개정안에 대하여 이견 없었으며, 해당 고시 개정 초안은 대통령령 입법예고 일정을 맞추어 행정예고를 추진토록 함

※ 연구반 이후 국토부 정책과 우리부 정책조화를 위해 법제처와 협의를 통하여 초기 '주거목적오피스텔'에서 '준주택오피스텔'로 용어를 변경하고, 다음의 요건을 모두 갖춘 「건축법 시행령」 별표 1 제14호나목2)의 오피스텔(이하 "준주택오피스텔"이라한다) 로 개정토록 함
  1) 전용면적이 120제곱미터이하일 것
  2) 상하수도 시설이 갖추어진전용 입식 부엌, 전용 수세식 화장실 및 목욕시설(전용 수세식 화장실에 목욕시설을 갖춘 경우를 포함한다)을 갖출 것

3. 검토 내용

가. 현행 기술기준 검토

「방송통신설비의 기술기준에 관한 규정」제17조에서는「전기통신사업법」제69조 제1항에 의거하여「건축법」제11조에 따른 허가받아 건축하는 건축물에 대한 구내통신선로설비 등의 설치기준 규정하고 있다. 여기서 구내통신선로설비는 구내 상호간 및 구내·외간의 통신을 위하여 구내에 설치하는 케이블, 선조(線條), 이상전압전류에 대한 보호장치 및 전주와 이를 수용하는 관로, 통신터널, 배관, 배선반, 단자 등과 그 부대설비를 의미한다.

「방송통신설비의 기술기준에 관한 규정」제19조와 관련 [별표 2], [별표 3]에서는「전기통신사업법」 제69조 제2항에 따른 전기통신회선설비와의 접속을 위해 업무용건축물과 주거용건축물 중 공동주택에 대한 구내통신실의 면적확보 기준을 규정하고 있다. 또한「방송통신설비의 기술기준에 관한 규정」 제20조 및 [별표 4]에서는 구내로 인입되는 국선의 수용, 구내회선의 구성, 단말장치 등의 증설에 지장이 없도록 업무용건축물과 주거용건축물의 구내통신 회선 수 확보기준 기준을 규정하고 있으며, 이들의 내용을 요약하면 [표 11]과 같다.

[표 11] 방송통신설비의 기술기준에 관한 규정」제19조, 제20조 요약

<제19조(구내통신실 면적 확보기준) 및 [별표 2], [별표 3] >
○ 업무용건축물: 집중구내통신실 1개소 이상, 층별 전용면적에 따른 층구내통신실 1개소 이상 확보
※ 층구내통신실은 6층 이상 & 연면적 5천제곱미터 이상인 경우 확보
○ 주거용건축물: 세대 수에 따른 집중구내통신실(50세대 이상 공동주택) 1개소 확보
<기술기준 제20조(회선 수) 관련 [별표 4]
○ 제1호 주거용건축물 : 단위세대당 4쌍 꼬임케이블 1회선 이상 또는 광섬유케이블 2코아 이상 설치
○ 제2호 업무용건축물 : 업무구역(10제곱미터)당 4쌍 꼬임케이블 1회선 이상 또는 광섬유케이블 2코아 이상 설치
※ 기타 건축물은 용도에 따라 주거용 또는 업무용건축물 기준 신축 적용

여기서 [표 12]와 같이 업무용건축물과 주거용건축물은「방송통신설비의 기술기준에 관한 규정」제3조 제1항 제16호와 제17호에서 규정하고 있으며, 「건축법 시행령」[별표 1]을 준용하여 사용되고 있다.

[표 12] 주거용건축물과 업무용건축물의 정의

「방송통신설비의 기술기준에 관한 규정」 제3조 주거용건축물과 업무용건축물의 정의
○ "주거용건축물"이란 「건축법 시행령」 별표 1 제1호 및 제2호에 따른 단독주택 및 공동주택을 말한다. ○ "업무용건축물"이란 「건축법 시행령」 별표 1 제14호에 따른 업무시설을 말한다.
「건축법 시행령」 [별표 1] 용도별 건축물의 종류-주거시설 및 업무시설
○ 주거시설 - 단독주택: 단독주택, 다중주택, 다가구주택, 공관 - 공동주택: 아파트, 연립주택, 다세대 주택, 기숙사 ○ 업무시설 - 공공업무시설, 일반업무시설(제2종 근린생활시설이 아닌 금융업소, 소개업소, 출판사, 신문사, 그 밖에 이와 비슷한 것, <u>오피스텔</u>)   ※ 오피스텔 : 업무를 주로 하며, 분양하거나 임대하는 구획 중 일부 구획에서 숙식할 수 있도록 한 건축물로서 국토교통부장관이 고시하는 기준에 적합한 것

그러나, 추진배경에서 설명한 것처럼 오피스텔은 「건축법 시행령」 [별표 1]에 의거하여 그 사용 목적과 무관하게 업무시설로 분류되어 있으므로, 유사구조를 갖는 주거용건축물(공동주택) 비교하였을 때, 회선수, 구내통신실 확보기준 등 구내통신선로설비 설치기준을 업무용건축물에 적용되어 구축비용이 과다하게 발생하고 있다.

예를 들어, 100세대(건축물규모가 6층 이상이고 연면적 5천제곱미터 이상) 공동주택은 집중구내통신실만 설치 가능하지만, 동일 규모 오피스텔은 업무용건축물로 분류되므로 집중구내통신실과 각 층 전용면적에 따른 층구내통신실 추가 설치가 필요하다. 또한, 전용면적 85제곱미터 공동주택 세대는 꼬임케이블(4쌍) 1회선 또는 광섬유케이블 2코아 설치 가능, 동일 규모 오피스텔은 꼬임케이블(4쌍) 9회선 또는 광섬유케이블 18코아 설치가 필요하다.

나. 오피스텔 관련 법규 현황

1) 건축법 시행령

「건축법 시행령」 [별표 1] 제14호는 업무용도를 갖는 건축물의 종류를 다음과 같이 규정하고 있으며, 오피스텔을 업무시설의 하나로 구분하고 있다.

- o 공공업무시설: 국가 또는 지방자치단체의 청사와 외국공관의 건축물로서 제1종 근린생활시설에 해당하지 아니하는 것
- o 일반업무시설
  - 금융업소, 사무소, 결혼상담소 등 소개업소, 출판사, 신문사, 그 밖에 이와 비슷한 것으로서 제1종 근린생활시설 및 제2종 근린생활시설에 해당하지 않는 것
  - 오피스텔(업무를 주로 하며, 분양하거나 임대하는 구획 중 일부 구획에서 숙식을 할 수 있도록 한 건축물로서 국토교통부장관이 고시하는 기준에 적합한 것을 말한다)

2) 오피스텔 건축기준

「건축법 시행령」 [별표 1] 제14호 업무시설 중 "오피스텔(업무를 주로 하며, 분양하거나 임대하는 구획 중 일부 구획에서 숙식을 할 수 있도록 한 건축물로서 국토교통부장관이 고시하는 기준에 적합한 것을 말한다)"을 규정하고 있으며, 이에 따른 위임 고시는 국토교통부 고시 「오피스텔 건축기준」을 의미하며, 제2조 오피스텔 건축기준은 다음과 같다.

- o 제2조(오피스텔의 건축기준) 오피스텔은 다음 각호의 기준에 적합한 구조이어야 한다.
  1. 각 사무구획별 노대(발코니)를 설치하지 아니할 것
  2. 다른 용도와 복합으로 건축하는 경우(지상층 연면적 3천제곱미터 이하인 건축물은 제외한다)에는 오피스텔의 전용출입구를 별도로 설치할 것. 다만, 단독주택 및 공동주택을 복합으로 건축하는 경우에는 건축주가 주거기능 등을 고려하여 전용출입구를 설치하지 아니할 수 있다.
  3. 사무구획별 전용면적이 120제곱미터를 초과하는 경우 온돌·온수온돌 또는 전열기 등을 사용한 바닥난방을 설치하지 아니할 것
  4. 전용면적의 산정방법은 건축물의 외벽의 내부선을 기준으로 산정한 면적으로 하고,

2세대 이상이 공동으로 사용하는 부분으로서 다음 각목의 어느 하나에 해당하는 공용면적을 제외하며, 바닥면적에서 전용면적을 제외하고 남는 외벽면적은 공용면적에 가산한다.

    가. 복도·계단·현관 등 오피스텔의 지상층에 있는 공용면적
    나. 가목의 공용면적을 제외한 지하층·관리사무소 등 그 밖의 공용면적

3) 주택법

「주택법」 제2조제4호에 따라 주택 외의 건축물과 그 부속토지로서 주거시설로 이용이 가능한 시설을 '준주택'으로 정의하고 구체적인 범위와 종류를 대통령령으로 정하도록 규정하고 있으며, 「주택법 시행령」 제4조에서는 준주택의 종류와 범위를 규정하고 있으며, 「건축법 시행령」 [별표 1]에 따른 기숙사, 다중생활시설, 노인복지시설 중 노인복지주택 및 오피스텔을 포함하고 있다.

4) 공공주택 특별법

「주택법」 제2조제8호에서는 임대를 목적으로 하는 주택을 임대주택으로 정의하고 있으며,「공공주택 특별법」 제2조제1호가목에 따른 공공임대주택을 정의하고 있다. 「공공주택 특별법」 제2조의2에서는「주택법」 제2조제4호에 따른 준주택으로 대통령령으로 정하는 준주택(공공준주택)을 준용할 수 있도록 규정하고 있으며, 「공공주택 특별법」 제2조의2에서는「주택법」 제2조제4호에 따른 준주택으로 대통령령으로 정하는 준주택(공공준주택)을 준용할 수 있도록 규정하고 있다.

「공공주택 특별법 시행령」 제4조제2호에서「주택법 시행령」 제4조제4호에 따른 오피스텔로서 다음의 요건을 갖추도록 규정하고 있다.

- 전용면적 85제곱미터 이하인 것
- 상·하수도 시설을 갖춘 전용 입식 부엌, 전용 수세식 화장실 및 목욕시설(전용 수세실 화장실에 목욕시설을 갖춘 경우 포함)을 갖춘 것

5) 민간임대주택에 관한 특별법

「공공주택 특별법」과 마찬가지로 「민간임대주택에 관한 특별법」 제2조 제1호에 따른 민간임대주택은 「주택법」 제2조제8호에 따라 임대를 목적으로 하는 주택을 임대주택으로 정의되어 있다. 또한,「민간임대주택에 관한 특별법」 제2조 제1호에서는

오피스텔 등 대통령령으로 정하는 준주택을 민간임대주택의 하나로 정의하고 있으며, 「민간임대주택에 관한 특별법 시행령」제2조에서 대통령령으로 정하는 준주택으로서 오피스텔이 갖추어야 할 요건을 다음과 같이 규정하고 있다.

o 전용면적 120제곱미터 이하인 것
o 상·하수도 시설을 갖춘 전용 입식 부엌, 전용 수세식 화장실 및 목욕시설(전용 수세실 화장실에 목욕시설을 갖춘 경우 포함)을 갖춘 것

 오피스텔 관련 법규 현황을 검토한 결과 「건축법 시행령」에 의하여 오피스텔은 업무시설이다. 그럼에도 불구하고 「주택법」, 「공공주택 특별법」, 「민간임대주택 특별법」에서 정하고 있는 준주택으로서의 오피스텔의 전용면적을 120제곱미터 이하로 제한하고 있는데 이는 「오피스텔 건축기준」제2조 제3호에 따라 전용면적이 120제곱미터를 초과하는 경우에 온돌이나 온수온돌 또는 전열기 등을 사용한 바닥난방의 설치를 금지하고 있어 주거용도의 목적에 적합하도록 하기 위한 것으로 사료된다.

다. 오피스텔(업무용건축물) 및 공동주택의 건축구조와 통신선로설비의 설계 비교

[그림 4], [그림 5]와 같이 공동주택과 오피스텔 건축물의 단위 세대(호) 내부구조와 평면도와 층 평면도를 확인해본 결과 오피스텔의 경우 업무용건축물 기준을 적용하여 평면도 가운데에 층구내통신실이 있으나, 거실, 방, 화장실 등으로 구분되는 주거 목적 기능을 가지고 있으므로, 건축물의 구조적인 특성이 공동주택과 유사한 것을 확인할 수 있다.

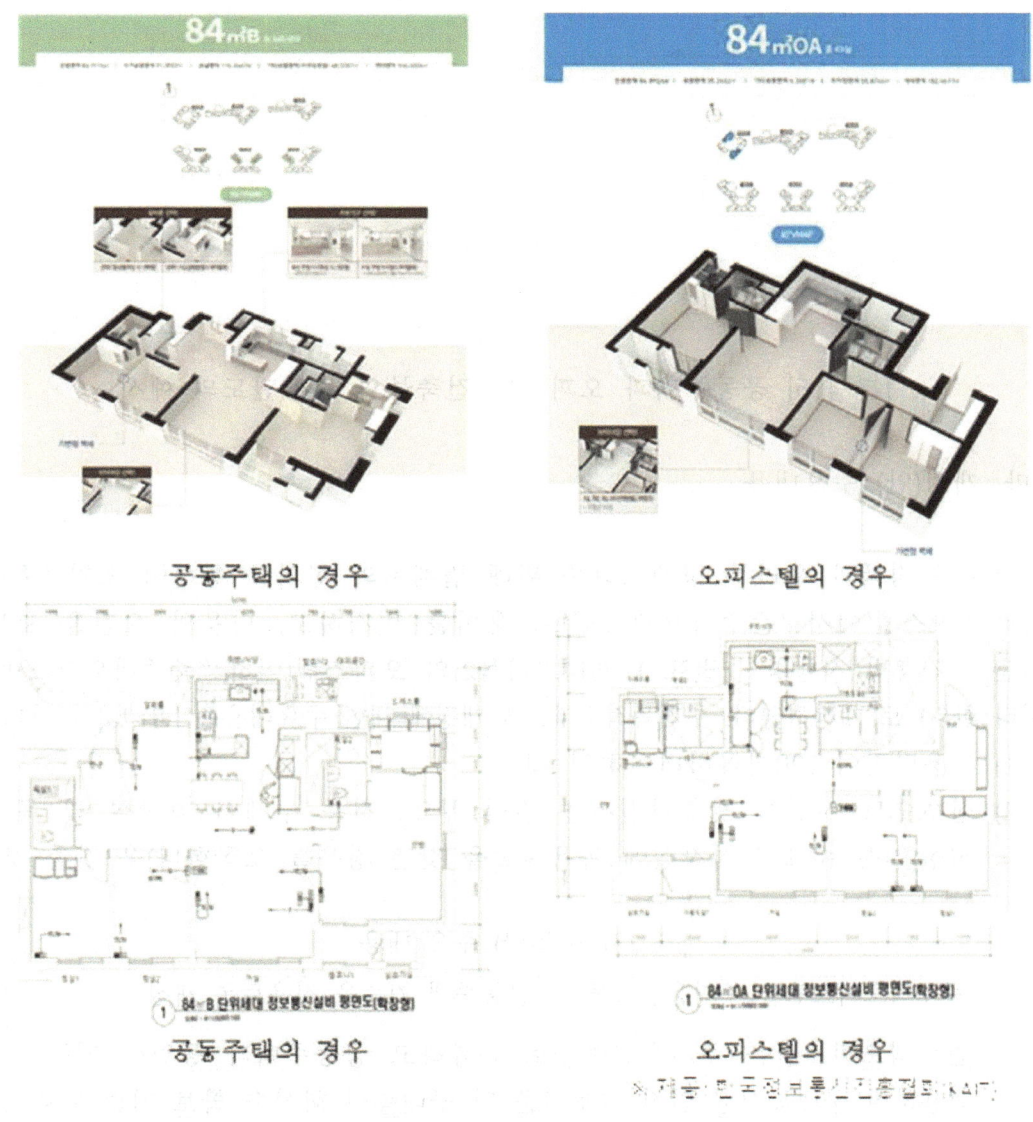

[그림 4] 공동주택과 오피스텔 건축물의 내부구조와 평면도의 예시

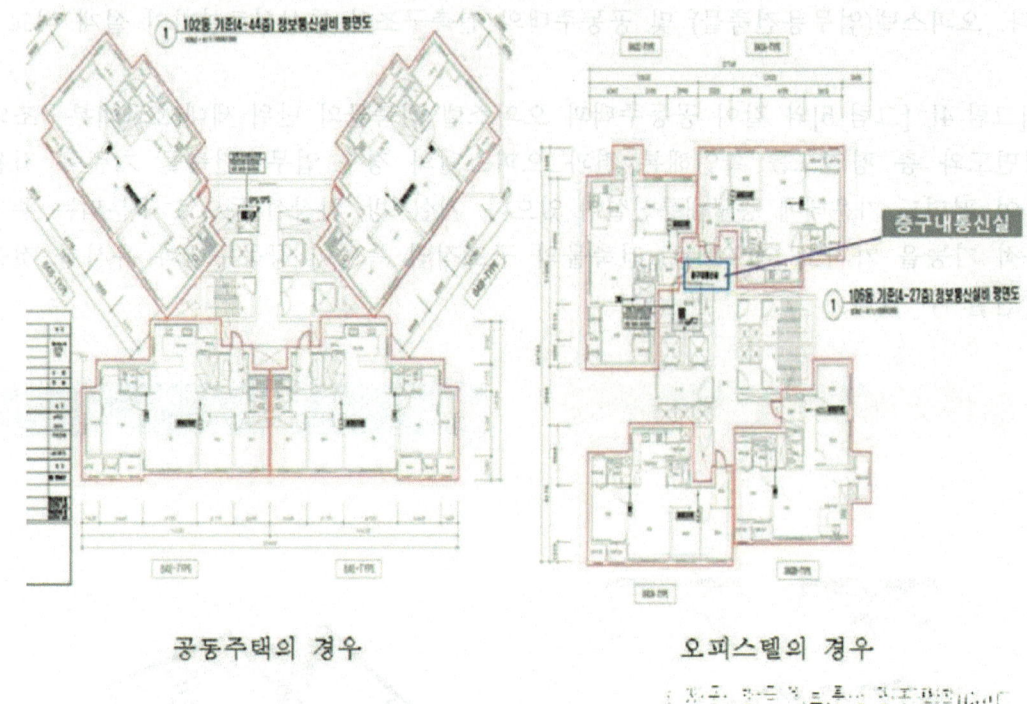

[그림 5] 공동주택과 오피스텔 건축물의 층평면도의 예시

마. 개정(안) 주요내용

국토부 정책과 우리부 정책조화를 위해 법제처와 협의를 통하여 초기 '주거목적오피스텔'에서 '준주택오피스텔'로 용어를 변경하고, 다음의 요건을 모두 갖춘 「건축법 시행령」 별표 1 제14호나목2)의 오피스텔(이하 "준주택오피스텔"이라 한다) 로 개정하였다. 주거목적오피스텔 개정에 대한 주요내용은 [표 13]과 같다.
1) 전용면적이 120제곱미터이하일 것
2) 상하수도 시설이 갖추어진전용 입식 부엌, 전용 수세식 화장실 및 목욕시설(전용 수세식 화장실에 목욕시설을 갖춘 경우를 포함한다)을 갖출 것

[표 13] 개정(안) 주요 내용

○ 준주택오피스텔을 주거용건축물 중 공동주택 기준을 적용토록 개정
- 준주택오피스텔을 주거용건축물로 분류하고 공동주택과 동일한 기준을 적용하여 구내통신실 면적 확보기준 및 구내통신 회선수 확보 기준 완화 * (현행) 공동주택 → (개정안) 공동주택 및 준주택오피스텔

4. 개정(안) 신구 대비표

가. 방송통신설비의 기술기준에 관한 규정

현 행	개정(안)
제3조(정의) ①이 영에서 사용하는 용어의 뜻은 다음 각 호와 같다.	제3조(정의) ①이 영에서 사용하는 용어의 뜻은 다음 각 호와 같다.
1.~15. (생략)	1.~15. (현행과 같음)
16."주거용건축물"이란「건축법 시행령」별표 1 제1호 및 제2호에 따른 단독주택 및 공동주택을 말한다.	16."주거용건축물"이란 다음 각 목의 건축물을 말한다. 가.「건축법 시행령」별표 1 제1호의 단독주택 나.「건축법 시행령」별표 1 제2호의 공동주택 다. 다음의 요건을 모두 갖춘 「건축법 시행령」별표 1 제14호나목2)의 오피스텔(이하 "준주택오피스텔"이라한다) 1) 전용면적이 120제곱미터이하일 것 2) 상하수도 시설이 갖추어진전용 입식 부엌, 전용 수세식 화장실 및 목욕시설(전용 수세식 화장실에 목욕시설을 갖춘 경우를 포함한다)을 갖출 것
17."업무용건축물"이란 「건축법 시행령」별표 1 제14호에 따른 업무시설을 말한다.	17."업무용건축물"이란 「건축법 시행령」별표 1 제14호에 따른 업무시설을 말한다. 다만, 제16호에 따른 오피스텔은 제외한다.
제19조(구내통신실의 면적확보) 「전기통신사업법」 제69조제2항에 따른 전기통신회선설비와의 접속을 위한 면적기준은 다음 각 호와 같다. 1. (생 략)	제19조(구내통신실의 면적확보) 「전기통신사업법」 제69조제2항에 따른 전기통신회선설비와의 접속을 위한 면적기준은 다음 각 호와 같다. 1. (생 략)

현 행	개정(안)
2. 주거용건축물 중 <u>공동주택</u>에는 별표3에 따른 면적확보기준을 충족하는 집중구내통신실을 <u>확보하여야 한다</u>. 3. 하나의 건축물에 업무용건축물과 주거용건축물 중 <u>공동주택</u>이 복합된 건축물에는 각각 별표 2 및 별표 3에 따른 면적확보 기준을 충족하는 집중구내통신실을 용도별로 각각 분리된 공간에 <u>확보하여야</u> 하며, 업무용건축물에 해당하는 부분에는 별표 2에 따른 면적확보 기준을 충족하는 층구내통신실을 <u>확보하여야 한다</u>. 다만, 업무용건축물에 해당하는 부분의 연면적이 500제곱미터미만인 건축물로서 다음 각 목의 요건을 모두 충족하는 경우에는 집중구내통신실을 용도별로 분리하지 <u>아니하고</u> 통합된 공간에 확보할 수 있다. 가.·나. (생 략)	2. 주거용건축물 중 <u>공동주택및 준주택오피스텔</u>에는 별표3에 따른 면적확보기준을 충족하는 집중구내통신실을 <u>확보해야</u> 한다. 3. 하나의 건축물에 업무용건축물과 주거용건축물 중 <u>공동주택 및 준주택오피스텔</u>이 복합된 건축물에는 각각 별표 2 및 별표 3에 따른 면적확보 기준을 충족하는 집중구내통신실을 용도별로 각각 분리된 공간에 <u>확보해야 하며</u>, 업무용건축물에 해당하는 부분에는 별표 2에 따른 면적확보 기준을 충족하는 층구내통신실을 <u>확보해야 한다</u>. 다만, 업무용건축물에 해당하는 부분의 연면적이 500제곱미터미만인 건축물로서 다음 각 목의 요건을 모두 충족하는 경우에는 집중구내통신실을 용도별로 분리하지 <u>않고</u> 통합된 공간에 확보할 수 있다. 가.·나. (생 략)
방송통신설비의 기술기준에 관한 규정 [별표 3] <u>공동주택의</u> 구내통신실면적확보기준(제19조제2호 및 제3호 관련)	방송통신설비의 기술기준에 관한 규정 [별표 3] <u>공동주택 및 주거목적오피스텔의</u> 구내통신실면적확보기준(제19조제2호 및 제3호 관련)

나. 접지설비·구내통신설비·선로설비 및 통신공동구등에 대한 기술기준

현 행	개정(안)
제27조(국선의 인입배관) 국선의 인입배관은 국선의 수용 및 교체, 증설이 용이하게 시공될 수 있는 구조로서 다음 각호와 같이 설치되어야 한다.	제27조(국선의 인입배관) 국선의 인입배관은 국선의 수용 및 교체, 증설이 용이하게 시공될 수 있는 구조로서 다음 각호와 같이 설치되어야 한다.

현 행	개정(안)
1. 배관의 내경은 선로외경(다조인경우에는 그 전체의 외경)의 2배 이상이 되어야 하며, 주거용건축물 중 공동주택의 인입배관의내경은 다음 각목의 기준을 만족하여야 한다. 가. 20세대 이상의 공동주택: 최소 54㎜ 이상 나. 20세대 미만의 공동주택: 최소 36㎜ 이상 2. (생 략)	1. 배관의 내경은 선로외경(다조인경우에는 그 전체의 외경)의 2배 이상이 되어야 하며, 주거용건축물 중 공동주택 및 규정 제3조제1항제16호에 따른 준주택오피스텔(이하 "준주택오피스텔"이라한다)의 인입배관의내경은 다음 각목의 기준을 만족하여야 한다. 가. 20세대 이상: 최소 54㎜ 이상 나. 20세대 미만: 최소 36㎜ 이상 2. (현행과 같음)
제29조(국선수용 및 국선단자함등) ① ~ ⑤ (생 략) ⑥ 공동주택 및 업무용건축물을 제외한 연면적 합계 5천제곱미터미만의 건축물에는 종합유선방송 신호의 분배를 위한 증폭기와 분배기, 보호기 등을 국선단자함에설치할 수 있다. 다만, 집중구내통신실을설치한 경우에는 그러하지 아니하다.	제29조(국선수용 및 국선단자함등) ① ~ ⑤ (현행과 같음) ⑥ 공동주택, 준주택오피스텔, 업무용건축물을 제외한 연면적 합계 5천제곱미터미만의 건축물에는 종합유선방송 신호의 분배를 위한 증폭기와 분배기, 보호기 등을 국선단자함에설치할 수 있다. 다만, 집중구내통신실을설치한 경우에는 그러하지 아니하다.
제30조(중간단자함및 세대단자함등) ① (생 략) ② 주거용건축물 중 공동주택의 경우에는 세대별로 배선의 인입및 분기가 용이하도록 세대단자함을설치하여야 한다. 단, 세대내에서 분기가 없는 기숙사 및주택법시행령제10조제1항제1호에서 규정하는 원룸형 주택의 모든 요건을 갖춘 주택은제외한다. ③ 제1항 및 제2항의 규정에 의한 중간단자함및 세대단자함의요건은 별표 5와	제30조(중간단자함및 세대단자함등) ① (현행과 같음) ② 주거용건축물 중공동주택 및 준주택오피스텔경우에는세대별로 배선의 인입 및 분기가 용이하도록 세대단자함을설치하여야 한다. 단, 세대내에서 분기가 없는 기숙사,주택법시행령제10조제1항제1호에서 규정하는 원룸형 주택의 모든 요건을 갖춘 주택, 준주택오피스텔은제외한다. ③ 제1항 및 제2항의 규정에 의한 중간단자함, 세대단자함, 제31조제2항에 따른

현 행	개정(안)
같다.	실단자함의요건은 별표 5와 같다.
제33조(구내배선 요건) ① 주거용건축물에 설치하는 구내배선은 다음 각 호의 기준에 적합하게 설치하여야 한다.	제33조(구내배선 요건) ① 주거용건축물에 설치하는 구내배선은 다음 각 호의 기준에 적합하게 설치하여야 한다.
1. 한 개의 <u>공동주택</u>인 경우에는 별표 11의 제1호 표준도에 준하여야 한다.	1.한 개의 <u>공동주택 및 준주택오피스텔</u>인 경우에는 별표 11의 제1호 표준도에 준하여야 한다.
2. 두 개 이상의 <u>공동주택이</u>하나의 단지를 형성할 때는 별표 11의 제2호 표준도에 준하여야 하며, 국선단자함이설치된 <u>공동주택에서 각 공동주택별로</u> 구내간선케이블을 설치하여 동단자함에배선하여야 한다.	2. 두 개 이상의 <u>공동주택 및 준주택오피스텔이</u>하나의 단지를 형성할 때는 별표 11의 제2호 표준도에 준하여야 하며, 국선단자함이설치된 <u>공동주택 및 준주택오피스텔에서 각 공동주택 및 준주택오피스텔별로</u>구내간선케이블을 설치하여 동단자함에배선하여야 한다.
3. ~ 6. (생 략)	3. ~ 6. (현행과 같음)
② ~ ⑤ (생 략)	② ~ ⑤ (현행과 같음)
<u>제33조의1</u>(폐쇄회로텔레비전장치의 설치) <u>공동주택</u>의 구내에 폐쇄회로텔레비전 장치를 설치하는 경우에는 배관은 제28조제5항, 구내선의 배선은 제23조 및 제32조의 규정을 준용하여 설치하여야한다.	<u>제33조의2</u>(폐쇄회로텔레비전장치의 설치) <u>공동주택 및 준주택오피스텔</u>의 구내에 폐쇄회로텔레비전 장치를 설치하는 경우에는 배관은 제28조제5항, 구내선의 배선은 제23조 및 제32조의 규정을 준용하여 설치하여야한다.
[별표 6](제33조제3항 관련) 링크성능 기준 1.(생 략) 2. 광섬유케이블의 링크성능 기준 가. <u>공동주택 및 업무용건축물</u> 나. <u>공동주택</u>외 주거용건축물 및 기타 건축물	[별표 6](제33조제3항 관련) 링크성능 기준 1.(생 략) 2. 광섬유케이블의 링크성능 기준 가. <u>공동주택, 준주택오피스텔, 업무용건축물</u> 나. <u>공동주택, 준주택오피스텔</u>외 주거용건축물 및 기타건축물
[별표 11] (제33조제1항 관련) 주거용건축물의 구내배선 표준도	[별표 11] (제33조제1항 관련) 주거용건축물의 구내배선 표준도

현 행	개정(안)
1. 한 개의 공동주택인 경우 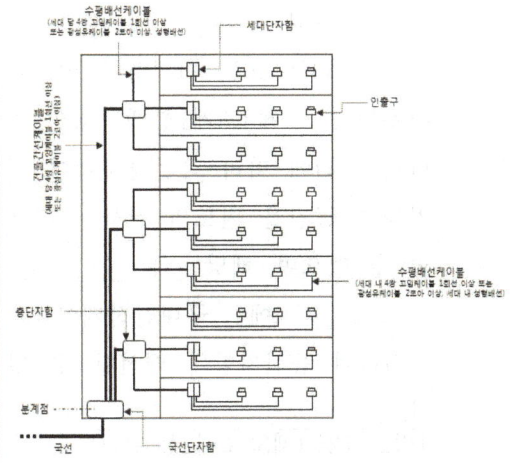	1. 한 개의 공동주택 및 준주택오피스텔인 경우 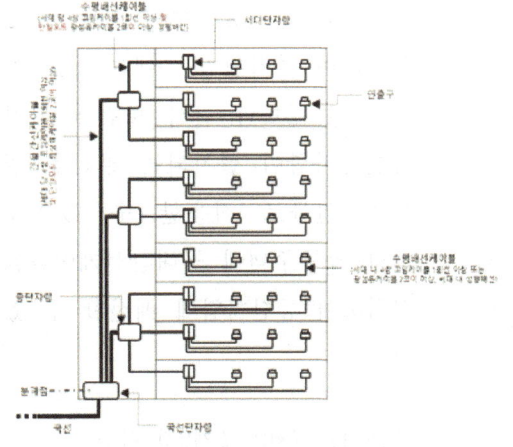
2. 두 개 이상의 공동주택인 경우 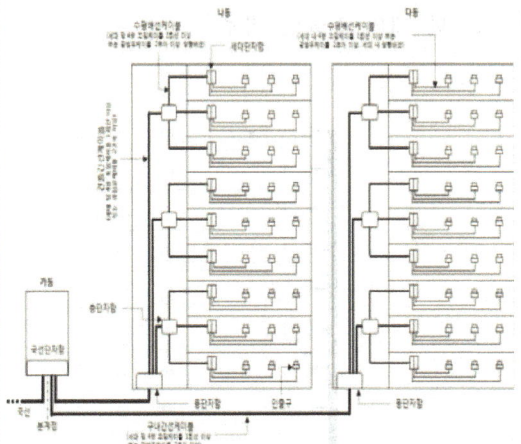	2. 두 개 이상의 공동주택 및 준주택오피스텔인 경우 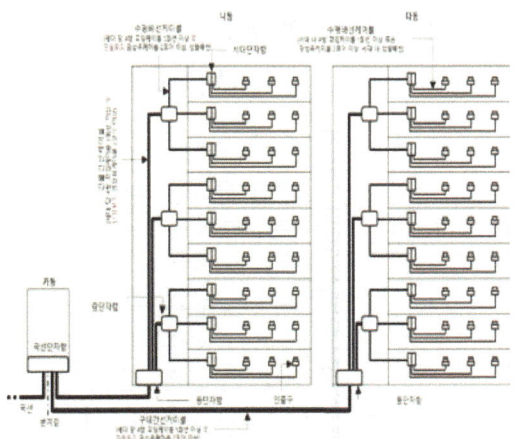
주) 1. 국선단자함과 동단자함이 광다중화 기능을 갖는 경우, 구내간선케이블은 광섬유케이블 8코아 이상, 동단자함에서 세대단자함 또는 인출구까지의 건물간선케이블 및 수평배선케이블은 단위세대당 1회선(4쌍 꼬임케이블 기준) 이상 또는 광섬유케이블 2코아 이상으로 설치할 수 있다.	주) 1. 국선단자함과 동단자함이 광다중화 기능을 갖는 경우, 구내간선케이블은 단일모드 광섬유케이블 12코어 이상, 동단자함에서 세대단자함 또는 인출구까지의 건물간선케이블 및 수평배선케이블은 단위세대당 1회선(4쌍 꼬임케이블 기준) 이상 및 단일모드 광섬유케이블 2코어 이상을 설치하여야 한다.

현 행	개정(안)
2. 국선단자함이 나동 또는 다동 등 어느 하나의 <u>공동주택</u> 내부 또는 인접하여 설치된 경우에는 <u>제3조제1항제11의2호</u>의 단서 조건에 따라 국선단자함이 설치되는 공간을 별도의 건물로 적용할 수 있으며, 해당 <u>공동주택</u>에 구내간선케이블을 설치하여 동단자함에 배선할 수 있다.	2. 국선단자함이 나동 또는 다동 등 어느 하나의 <u>공동주택 및 준주택오피스텔</u> 내부 또는 인접하여 설치된 경우에는 제3조제1항제11호의2의 단서 조건에 따라 국선단자함이 설치되는 공간을 별도의 건물로 적용할 수 있으며, 해당 <u>공동주택 및 준주택오피스텔</u>에 구내간선케이블을 설치하여 동단자함에 배선할 수 있다.
[별표 12] (제33조제2항 관련) 업무용 및 기타건축물의 구내배선 표준도 1. 한 개의 건물인 경우 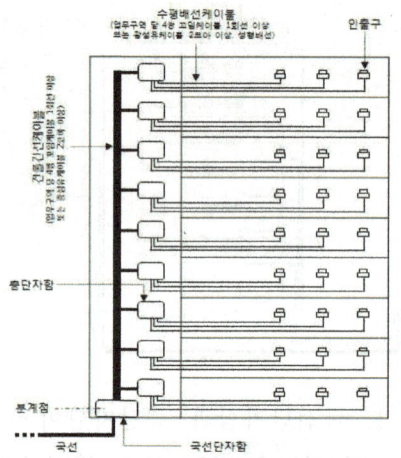 주) 1. 제3조제1항제11의2호의 단서 조건에 따라 국선단자함이설치되는 공간을 별도의 건물로 적용하고자 하는 경우 구내간선케이블을 설치하여 동단자함에배선할 수 있다. <신설> 2. 두 개의 건물인 경우	[별표 12] (제33조제2항 관련) 업무용 및 기타건축물의 구내배선 표준도 1. 한 개의 건물인 경우 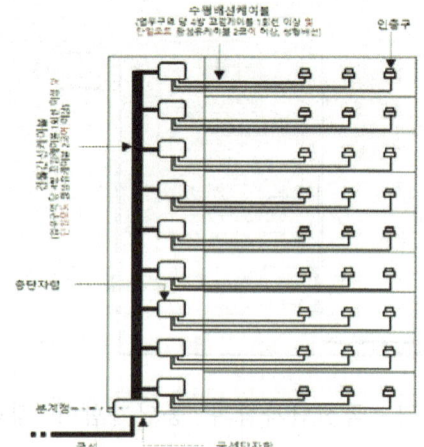 주) 1. 제3조제1항제11호의2의 단서 조건에 따라 국선단자함이설치되는 공간을 별도의 건물로 적용하고자 하는 경우 구내간선케이블을 설치하여 동단자함에배선할 수 있다. 2. <u>규정 제3조제1항제16호 따른 준주택오피스텔은 제외한다.</u> 2. 두 개의 건물인 경우

현 행	개정(안)
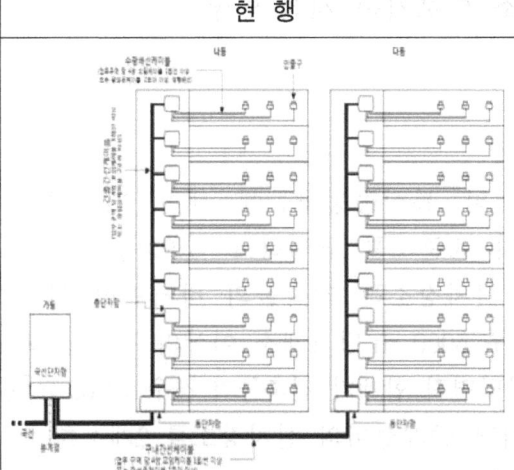	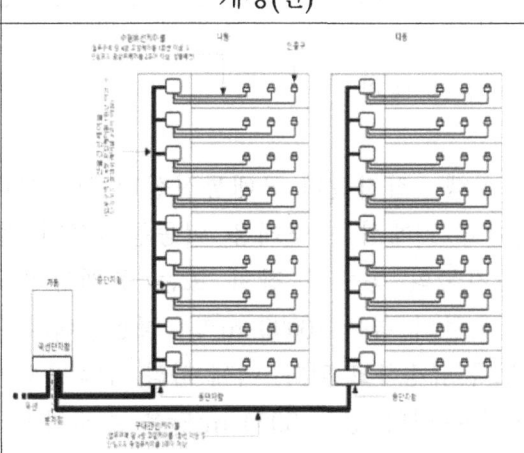
주) 1. 국선단자함과 동단자함이 광다중화 기능을 갖는 경우, 구내간선케이블은 광섬유케이블 8코아 이상, 동단자함에서 세대단자함 또는 인출구까지의 건물간선케이블 및 수평배선케이블은 각 업무구역(10제곱미터) 당 1회선(4쌍 꼬임케이블 기준) 이상 또는 광섬유케이블 2코아 이상으로 설치할 수 있다. 2. 국선단자함이 나동 또는 다동 등 어느 하나의 건물 내부 또는 인접하여 설치된 경우에는 제3조제1항제11의2호의 단서 조건에 따라 국선단자함이 설치되는 공간을 별도의 건물로 적용할 수 있으며, 해당 건물에 구내간선케이블을 설치하여 동단자함에 배선할 수 있다. <신 설>	주) 1. 국선단자함과 동단자함이 광다중화 기능을 갖는 경우, 구내간선케이블은 단일모드 광섬유케이블 12코어 이상, 동단자함에서 실단자함 또는 인출구까지의 건물간선케이블 및 수평배선케이블은 각 업무구역(10제곱미터) 당 1회선(4쌍 꼬임케이블 기준) 이상 및 단일모드 광섬유케이블 2코어 이상을 설치하여야 한다. 2. 국선단자함이 나동 또는 다동 등 어느 하나의 건물 내부 또는 인접하여 설치된 경우에는 제3조제1항제11호의2의 단서 조건에 따라 국선단자함이 설치되는 공간을 별도의 건물로 적용할 수 있으며, 해당 건물에 구내간선케이블을 설치하여 동단자함에 배선할 수 있다. 3. 규정 제3조제1항제16호에 따른 준주택오피스텔은 제외한다.

제3절 건축물 지하층 중계설비 설치장소 확보기준 개선 연구

1. 추진 배경

현행「접지설비·구내통신설비·선로설비 및 통신공동구등에 대한 기술기준」[별표 7]에서는 구내용 이동통신설비 설치 표준도를 규정하고 있으며, 건축물의 기지국의 송수신 장치 또는 중계장치의 설치장소는 건축물의 바닥면적 합계가 건축물의 경우 10000 m²당, 공동주택의 경우 5000 m²당 1개소 이상의 장소를 확보토록 규정하고 있다. 이에 따라, 건축물의 바닥면적 합계가 건축물의 경우 10000 m²당, 공동주택의 경우 5000 m²당을 초과하게 되면 중계설비의 설치장소를 2개소를 확보해야 한다. 이 경우 통신사가 1개소에 설치된 중계설비만으로도 지하층에 전체 서비스가 확보됨에도 불구하고 건축주는 중계설비 설치장소를 2개소를 확보하였으므로 중계설비의 추가 설치를 요구하는 실정이다. 이에 따라, 기준 해석의 차이로 인한 건축주와 통신사 간의 분쟁을 예방하기 위해 건축물 지하층 중계설비 설치장소 확보기준 개선이 필요하다.

본 절에서는 건축물 지하층 중계설비 설치장소 확보기준을 개선을 위해 연구반 구성 운영을 통한 이해관계자의 의견수렴 및 현장조사 등을 통해 개정을 추진하였다.

[그림 6] 건축물 지하층 중계설비 설치장소 확보기준 관련 현황

2. 추진 경위

가. 연구반 구성

2022년도 구내통신·선로설비 기술기준 연구반은 과학기술정보통신부, 국립전파연구원, 화성시, 나주시, 군산대학교, ICT폴리텍대학, 충북대학교, 한국전자통신연구원, 정보통신산업연구원, KT, SKB, LGU+, SK에코플랜트, 두산에너빌리티, 한우리네트웍스, 문엔지니어링 한국정보통신감리협회, 한국정보통신공사협회, 한국통신사업자연합회, 한국정보통신진흥협회, 한국전파진흥협회, 한국방송통신산업협동조합 등 산·학·연·관 각 분야의 전문가들로 구성하였다.

나. 추진 경과

1) '22년 연구반 제1차 회의(2022. 3. 2)

- ○ 500세대 공동주택 중계기 설치개소 관련 하여 해당조항의 취지는 5000제곱미터당 이동통신중계설비를 설치하기 위한 장소를 확보하는 것임
- ○ 5000제곱미터의 수치적표현(±) 또는 협의에 의해서 장소를 확보하는 방안에 대한 검토 필요

2) 현장조사 실시(2022. 4. 13, 1회)

- ○ 1개소에 설치된 중계설비로 지하층 통신서비스 확보 가능을 조사
- - 공동주택 뿐만 아니라 건축물 지하층의 중계설비 설치장소를 중계설비 출력, 서비스 환경 등에 따라 설치 개소를 증감해야 하는 필요성 공감

3) '22년 연구반 제2차 회의(2022. 4. 21)

- ○ 건축물 지하층 중계설비 설치장소 확보 관련 현행수치는 연구 및 분석을 통해 결정된 사항으로 유지하고 단서조항을 신설하는 방안을 검토하여 개정안을 보완

4) 구내통신·선로설비 기술기준 고시 개정안 검토 회의(2022. 5. 4)

- ○ 건축물 지하층 중계설비 설치장소 확보 관련 현행수치는 유지하고 중계설비 출력, 환경 등에 따라 지하층 중계설비 설치 개소를 증감 할 수 있도록 기준을 완화하는 단서조항을 신설하는 개정안에 대하여 이해관계자 모두 동의

5) '22년 연구반 제3차 회의(2022. 6. 3)

> ○ 고시 개정안에 대하여 이견 없었으며, 해당 고시 개정 초안은 대통령령 입법예고 일정을 맞추어 행정예고를 추진토록 함

3. 검토 내용

가. 현행 기술기준의 검토

현행 「접지설비·구내통신설비·선로설비 및 통신공동구등에 대한 기술기준」[별표 7]에서는 구내용 이동통신설비 설치 표준도를 규정하고 있으며, [그림 7], [그림 8]과 같이 건축물의 기지국의 송수신 장치 또는 중계장치의 설치장소는 건축물의 바닥면적 합계가 건축물의 경우 10000 ㎡당, 공동주택의 경우 5000 ㎡당 1개소 이상의 장소를 확보토록 규정하고 있다. 이에 따라, 건축물의 바닥면적 합계가 건축물의 경우 10000 ㎡당, 공동주택의 경우 5000 ㎡당을 초과하게 되면 중계설비의 설치장소를 2개소를 확보해야 한다. 이경우 통신사가 1개소에 설치된 중계설비만으로도 지하층에 전체 서비스가 확보되더라도 중계설비 설치장소는 2개소를 마련해야 하는 상황이 발생할 우려가 있으므로 해당 기술기준에 대한 개선이 필요할 것으로 판단 된다.

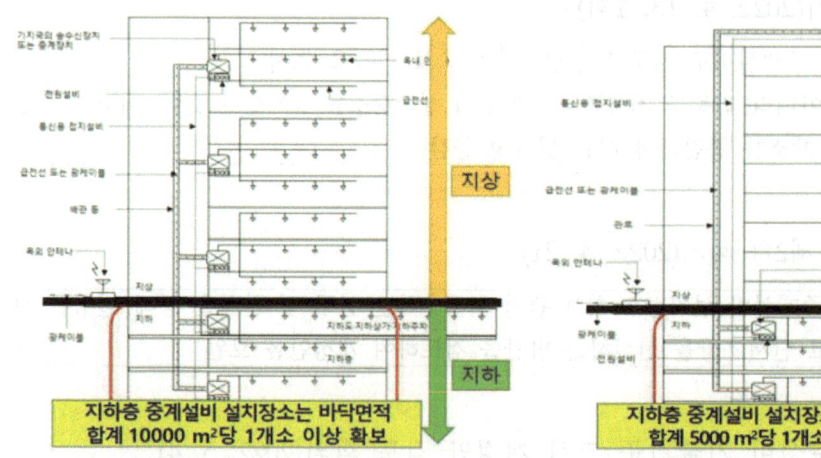

[그림 7] 현행 건축물 지하층 중계설비 설치장소 확보기준

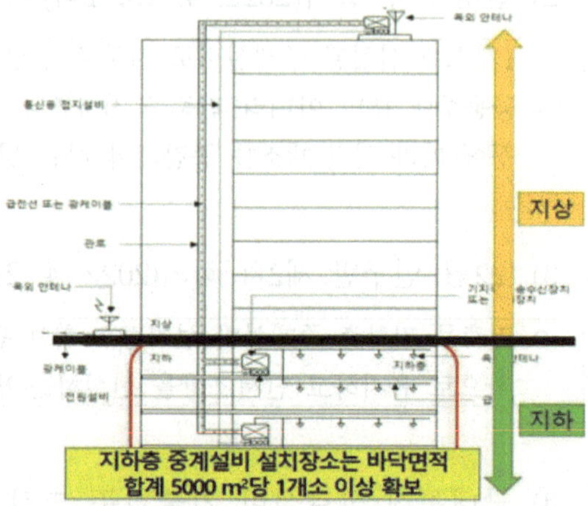

[그림 8] 현행 500세대 이상 공동주택 지하층 중계설비 설치장소 확보기준

나. 건축물 지하층 중계설비 설치장소 확보기준 개선 관련 현장조사 실시

실제 중계설비 확보 1개소에 설치된 중계설비로 지하층 통신서비스 확보가 가능한지를 확인하기 위하여, 지하층 중계설비 설치된 500세대 이상의 공동주택 현장조사를 실시하였다.

조사 결과 [그림 9]와 같이 지하측 바닥면적이 20000 ㎡임에도 불구하고 1개소에 설치된 중계설비로 통신서비스가 가능함을 확인하였다. 이에 따라, 중계설비의 출력 환경 등에 따라 건축물 지하층 중계설비 개소 증감 필요성을 공감하였다.

 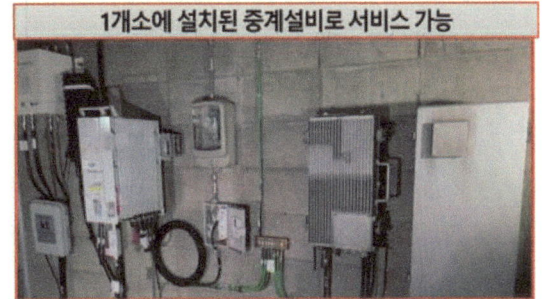

[그림 9] 500세대 이상 공동주택 지하층 중계설비 설치장소 현황

4. 개정(안) 신구 대비표

현 행	개정(안)

[별표 7](제35조 및 제36조, 제37조, 제38조, 제39조 관련)
 	
구내용 이동통신설비 설치 표준도
 	
1. 규정 별표 1의 제1호에 따른 건축물의 경우
  가. 건축물의 경우
    그림(생 략)
    주) 1. 기지국의 송수신장치 또는 중계장치의 설치 장소는 건축물의 바닥면적 합계가 10,000 ㎡ 당 1개소 이상으
	별표 7](제35조 및 제36조, 제37조, 제38조, 제39조 관련)
	
	구내용 이동통신설비 설치 표준도
	
	1. 규정 별표 1의 제1호에 따른 건축물의 경우
	  가. 건축물의 경우
	    그림(현행과 같음)
	    주) 1. 기지국의 송수신장치 또는 중계장치의 설치 장소는 건축물의 바닥면적 합계가 10,000 ㎡ 당 1개소 이상으

현 행	개정(안)
로 한다. <단서 신설>	로 한다. 다만, 중계장치 출력 특성, 이동통신 서비스 환경 등에 따라 개소 수를 증감할 수 있다.
2. (생 략)	2. (생 략)
나. (생 략)	나. (현행과 같음)
2. 규정 별표 1의 제2호에 따른 공동주택의 경우	2. 규정 별표 1의 제2호에 따른 공동주택의 경우
그림(생 략)	그림(현행과 같음)
주) 1. 기지국의 송수신장치 또는 중계장치를 옥상에 설치하는 경우에는 단지 내 1개소 이상의 장소를 확보하여야 하며, 지하층에 설치하는 경우에는 지하층 바닥면적의 합계 5,000㎡ 당 1개소 이상의 장소를 확보하여야 한다. <단서 신설>	주) 1. 기지국의 송수신장치 또는 중계장치를 옥상에 설치하는 경우에는 단지 내 1개소 이상의 장소를 확보하여야 하며, 지하층에 설치하는 경우에는 지하층 바닥면적의 합계 5,000㎡ 당 1개소 이상의 장소를 확보하여야 한다. 다만, 중계장치 출력 특성, 이동통신 서비스 환경 등에 따라 개소 수를 증감할 수 있다.
2.~5. (생 략)	2.~5. (현행과 같음)

제4절 5G 신규서비스 확장을 위한 도시철도시설 중계설비 설치장소 확보기준 개선 연구

1. 추진 배경

「접지설비·구내통신설비·선로설비 및 통신공동구등에 대한 기술기준」[별표 7]에서는 도시철도시설 선로구간 중계설비 간격을 250±20 m 마다 설치장소 확보토록 규정하고 있다. 그러나, 현행 기준을 준수하는 경우 5G 도입시 전파 도달거리 감소로(이론적 5G 품질보장 간격 약 200m)인하여 통신서비스 품질 저하가 우려된다.

본 절에서는 도시철도시설 선로구간 중계설비 설치장소를 개선하기 위해 연구반 구성 운영을 통한 이해관계자의 의견수렴 및 현장조사 등을 통해 개정을 추진하였다.

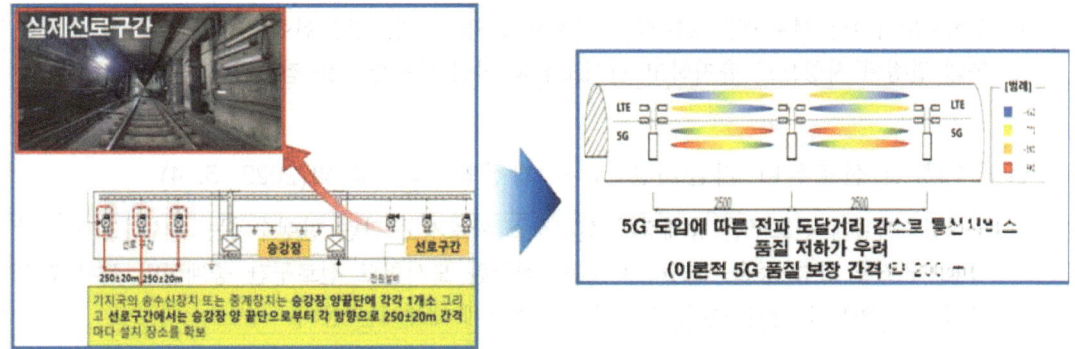

[그림 10] 5G 신규서비스 확장을 위한 도시철도시설 중계설비 설치장소 확보기준 현황

2. 추진 경위

가. 연구반 구성

2022년도 구내통신·선로설비 기술기준 연구반은 과학기술정보통신부, 국립전파연구원, 화성시, 나주시, 군산대학교, ICT폴리텍대학, 충북대학교, 한국전자통신연구원, 정보통신산업연구원, KT, SKB, LGU+, SK에코플랜트, 두산에너빌리티, 한우리네트웍스, 문엔지니어링 한국정보통신감리협회, 한국정보통신공사협회, 한국통신사업자연합회, 한국정보통신진흥협회, 한국전파진흥협회, 한국방송통신산업협동조합 등 산·학·연·관 각 분야의 전문가들로 구성하였다.

나. 추진 경과

1) '22년 연구반 제1차 회의(2022. 3. 2)

- ㅇ 도시철도시설의 선로구간 중계장치 설치개소 간격을 명확히 확인하여 다음회의 때 발표
- ㅇ 도시철도시설의 선로 구간 중계장치 설치개소 간격을 (200~250)±20m을 180~270m로 단순화하는 제안에 대해서 검토

2) 현장조사 실시(2022. 4. 14, 1회)

- ㅇ 전파특성을 고려하여 중계설비가 기준보다 더 가까이 설치된 것을 조사
- - 도시철도시설의 중계장치 설치개소 간격을 중계설비 전파전달특성, 구조물 환경에 따라 조정할 수 있는 개선 필요성을 확인

3) '22년 연구반 제2차 회의(2022. 4. 21)

- ㅇ 도시철도시설의 선로구간 중계장치 설치장소 확보기준 관련 현행수치는 연구 및 분석을 통해 결정된 사항으로 유지하고 단서조항을 신설하는 방안을 검토하여 개정안을 보완

4) 구내통신·선로설비 기술기준 고시 개정안 검토 회의(2022. 5. 4)

- ㅇ 도시철도시설의 선로구간 중계장치 설치장소 확보기준 관련 현행수치는 유지하고 파전달 특성, 구조물 환경 등을 고려하여 5G에 적합한 도시철도 선로구간 중계설비 설치 간격 조정할 수 있도록 단서조항을 신설하는 개정안에 대해서는 동의

5) '22년 연구반 제3차 회의(2022. 6. 3)

- ㅇ 고시 개정안에 대하여 이견 없었으며, 해당 고시 개정 초안은 대통령령 입법예고 일정을 맞추어 행정예고를 추진토록 함

3. 검토 내용

가. 현행 기술기준의 검토

[표 14]와 같이 현행 「접지설비·구내통신설비·선로설비 및 통신공동구등에 대한 기술기준」[별표 7] 제3호에서는 도시철도시설의 구내용 이동통신설비 설치 표준도를 규정하고 있으며, 이 중 도시철도시설의 선로구간에서 기지국의

송수신장치 또는 중계장치는 승강장 양 끝단으로부터 각 방향으로 250±20 m 간격마다 설치장소를 확보토록 규정하고 있다. 그러나, 현행 기준을 준수하는 경우 5G 도입시 전파 도달거리 감소로(이론적 5G 품질보장 간격 약 200m)인하여 통신서비스 품질 저하가 발생할 우려가 있으므로 해당 기술기준에 대한 개선이 필요할 것으로 판단된다.

[표 14] [별표 7] 제3호 도시철도시설 구내용 이동통신 설치 표준도

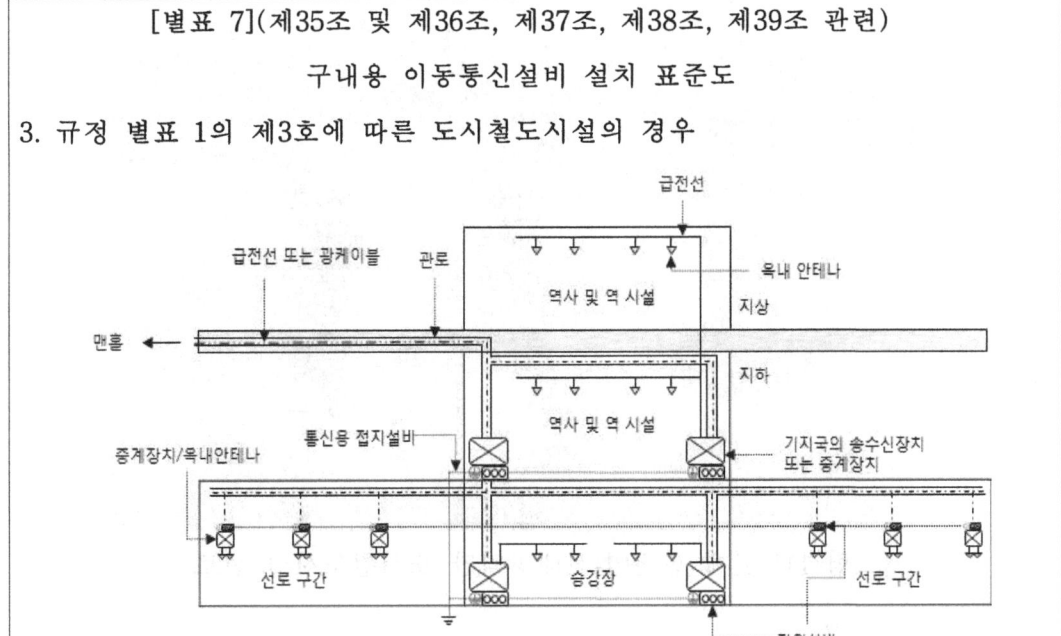

나. 도시철도시설 선로구간 이동통신중계설비 설치장소 확보기준 개선 관련 현장조사 실시

도시철도시설 중계설비 설치방법 개선과 관련하여 실제 도시철도시설 선로

구간 중계설비의 설치간격 현황을 확인하기 위하여, [그림 11]과 같이 신림역에서 신대방역까지 선로구간에서 현장조사를 실시하였다.

조사 결과 [그림 12]와 같이 전파특성을 고려하여 기준보다 중계설비가 더 가까이(약 85 m ~ 170 m)설치 된 것을 확인하였다. 이를 통해 도시철도시설의 중계장치 설치개소 간격을 중계설비 전파전달특성, 구조물 환경에 따라 조정할 수 있는 개선 필요성을 확인하였다.

[그림 11] 실제 신림역-신대방역간 도시철도시설 선로구간

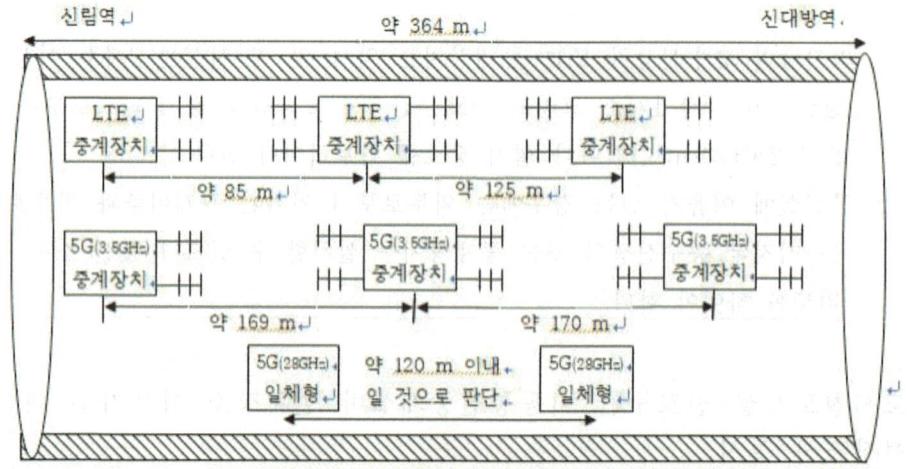

※ 5G(28GHz) 일체형은 도면이 없어 구조물에 쓰여지 근사거리로 판단
※ 가운데 LTE 중계장치는 도면에 없으나, 곡선터널의 전파회절특성으로 인하여 추가된 것으로 판단됨

[그림 12] 신림역-신대방역간 도시철도시설 선로구간 중계설비 설치 현황

4. 개정(안) 신구 대비표

현 행	개정(안)
[별표 7](제35조 및 제36조, 제37조, 제38조, 제39조 관련) 구내용 이동통신설비 설치 표준도 3. 규정 별표 1의 제3호에 따른 도시철도시설의 경우 그림(생 략) 주) 1. 기지국의 송수신장치 또는 중계장치는 역사 및 역 시설에 2개소 이상, 승강장 양끝단에 각각 1개소 그리고 선로구간에서는 승강장 양 끝단으로부터 각 방향으로 250±20 m 간격마다 설치 장소를 확보하여야 한다. <단서 신설> 2.~4. (생 략)	별표 7](제35조 및 제36조, 제37조, 제38조, 제39조 관련) 구내용 이동통신설비 설치 표준도 3. 규정 별표 1의 제3호에 따른 도시철도시설의 경우 그림(현행과 같음) 주) 1. 기지국의 송수신장치 또는 중계장치는 역사 및 역 시설에 2개소 이상, 승강장 양끝단에 각각 1개소 그리고 선로구간에서는 승강장 양 끝단으로부터 각 방향으로 250±20 m 간격마다 설치 장소를 확보하여야 한다. 다만, 전파전달특성, 구조물의 환경 등에 따라 거리를 조정할 수 있다. 2.~4. (현행과 같음)

제5절 회선종단장치 설치방법 개선

1. 추진 배경

현행「접지설비·구내통신설비·선로설비 및 통신공동구등에 대한 기술기준」제31조에서는 주거용건축물의 통신용 인출구는 모듈러잭이나 동축커넥터 또는 광인출구 등으로 종단토록 규정하고 있다. 그러나, 시공방법 변화에 따라 입주 전 건축주가 설치하는 천장에 매립되는 공유기, 벽면에 설치된 월패드, 주방 TV등은 미관저해, 불필요한 비용증가 등으로 통신용인출구 없이 단말 설치를 주장하고 있으나, 감리는 규정을 준수하여 인출구 설치를 요구하고 있는 실정이다.

본 절에서는 회선종단장치 설치기준 개선을 위해 연구반 구성 운영을 통한 이해관계자의 의견수렴 및 현장조사 등을 통해 개정을 추진하였다.

[그림 13] 회선종단장치 설치방법 기준 관련 현황

2. 추진 경위

가. 연구반 구성

2022년도 구내통신·선로설비 기술기준 연구반은 과학기술정보통신부, 국립전파연구원, 화성시, 나주시, 군산대학교, ICT폴리텍대학, 충북대학교, 한국전자통신연구원, 정보통신산업연구원, KT, SKB, LGU+, SK에코플랜트, 두산에너빌리티, 한우리네트웍스, 문엔지니어링 한국정보통신감리협회, 한국정보통신공사협회, 한국통신사업자연합회, 한국정보통신진흥협회, 한국전파진흥협회, 한국방송통신산업협동조합 등 산·학·연·관 각 분야의 전문가들로 구성하였다.

나. 추진 경과

1) 현장조사 실시(2022. 3. 10, 12 2회)

> ○ 건축주의 단말장치가 인출구가 보이지 않게 설치되는 경우 회선종단장치 설치시 미관 저해 및 건축주 비용부담 증가가 예상됨을 조사
> - 회선종단장치 없이 모듈러플러그 등으로 직결하여 사용토록 사용방법의 다양화가 필요함을 직접 관찰

2) '22년 연구반 제2차 회의(2022. 4. 21)

> ○ 다양한 형태의 단말장치를 고려하여 회선종단장치 기술기준 개정안을 조금더 보완하여 차기회의 때 발표

2) 구내통신·선로설비 기술기준 고시 개정안 검토 회의(2022. 5. 4)

> ○ 전차 회의에서 논의 된 내용을 보완하여 '다만, 인출구가 보이지 않도록 단말장치를 설치하는 경우에는 그러하지 아니하다.' 로개정추진

3) '22년 연구반 제3차 회의(2022. 6. 3)

> ○ 고시 개정안에 대하여 이견 없었으며, 해당 고시 개정 초안은 대통령령 입법예고 일정을 맞추어 행정예고를 추진토록 함

3. 검토 내용

가. 현행 기술기준의 검토

[표 15]와 같이 현행 「접지설비·구내통신설비·선로설비 및 통신공동구등에 대한 기술기준」 제31조에서는 주거용건축물의 통신용 인출구는 모듈러잭이나 동축커넥터 또는 광인출구 등으로 종단토록 규정하고 있다. 해당 규정의 취지는 입주전 건축주가 설치한 인출구를 사용하여 입주민이 가정내 무선 AP(공유기), 주방TV 등의 단말장치를 자체적으로 연결하여 사용할 수 있도록 하기 위함이다. 그러나, 현재 시공방법 변화에 따라 입주 전 건축주가 설치하는 천장에 매립되는 공유기, 벽면에 설치된 월패드, 주방 TV 등은 통신용인출구 없이 단말 설치하고 있는 상황이며, 감리는 해당 기준을 인출구 설치를 요구하고 있어 건축주와 감리간의 분쟁이 발생할 우려가 있으므로 해당 기술기준에 대한 개선이 필요할 것으로 판단된다.

[표 15] 고시 제31조 회선종단장치 기준

제31조(회선종단장치)
① 주거용건축물의 통신용 인출구는 모듈러잭이나 동축커넥터 또는 광인출구 등으로 종단하여야 한다. ② 업무용 및 기타건축물의 경우에는 각 실별(고정된 벽 등으로 반영구적으로 구분된 장소) 단위로 제1항의 통신용 인출구 또는 통신용 단자함으로 종단하여야 한다. ③ 인출구의 효율적인 사용을 위하여 통신용선로, 방송공동수신설비, 홈네트워크설비 등을 하나의 인출구로 종단할 경우에는 선로상호간 누화로 인한 통신소통에 지장이 없도록 하여야 한다.

나. 회선종단장치 설치 기준 개선 관련 현장조사 실시

회선종단장치 설치 기준 개선과 관련하여 건축주의 단말장치가 인출구가 보이지 않게 설치되는 경우를 조사하였다. 조사결과 [그림 14], [그림 15], [그림 16]과 같이 천장, 선반, 벽 등에 고정된 단말장치에 회선종단장치 설치시 미관 저해 및 건축주 비용부담 증가가 예상될 것으로 사료되었으며, 인출구가 보이지 않게 단말장치 설치시 회선종단장치 없이 직결할 수 있도록 하는 기준 개선 필요성을 확인하였다.

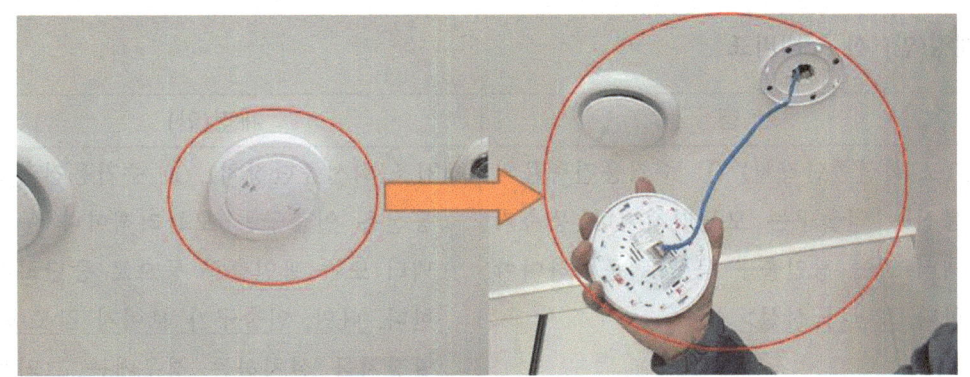

[그림 14] 천장 매립 무선 공유기(AP)

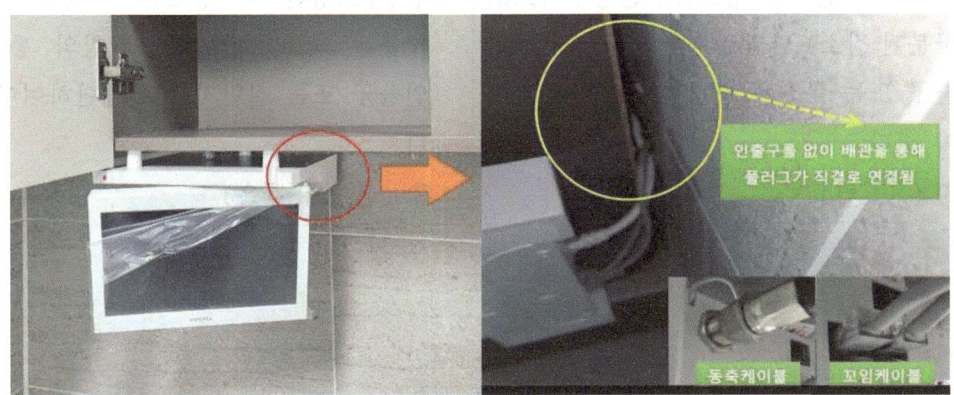

[그림 15] 선반 고정 주방 TV

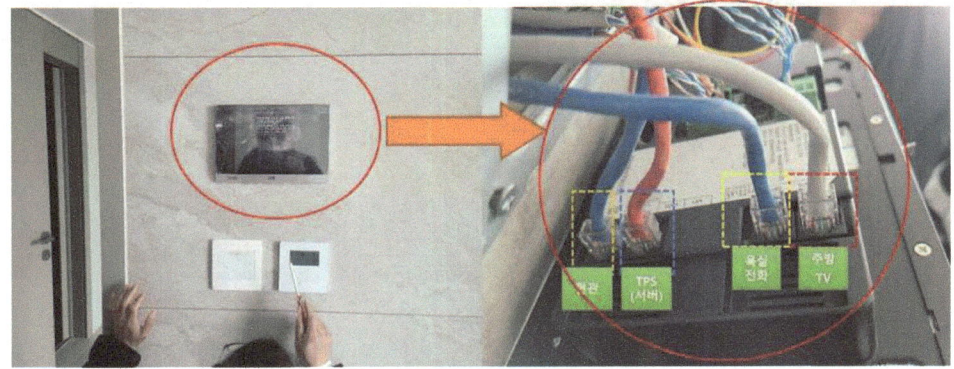

[그림 16] 벽면 매립 월패드

4. 개정(안) 신구 대비표

현 행	개정(안)
제31조(회선종단장치) ① 주거용건축물의 통신용 인출구는 모듈러잭이나 동축커넥터 또는 광인출구 등으로 종단하여야 한다. <단서 신설> ② 업무용 및 기타건축물의 경우에는 각 실별(고정된 벽 등으로 반영구적으로 구분된 장소) 단위로 제1항의 통신용 인출구 또는 <u>통신용 단자함</u>으로 종단하여야 한다. ③ (생 략)	제31조(회선종단장치) ① 주거용건축물의 통신용 인출구는 모듈러잭이나 동축커넥터 또는 광인출구 등으로 종단하여야 한다. <u>다만, 인출구가 보이지 않도록 단말장치를 설치하는 경우에는 그러하지 아니하다.</u> ② 업무용 및 기타건축물의 경우에는 각 실별(고정된 벽 등으로 반영구적으로 구분된 장소) 단위로 제1항의 통신용 인출구 또는 <u>실단자함</u>로 종단하여야 한다. ③ (현행과 같음)

제3장
IPTV 기술기준 개정

National
Radio
Research
Agency

제3장 IPTV 기술기준 개정

제1절 추진 배경

제한수신 기술은 발전하고 다양화되고 있으나 국내 IPTV 유료방송에 적용되는 제한수신 기술은 특정 기술표준(TTA 표준)만 따르도록 규정하고 있다. IPTV 사업자와 제조사는 규정 준수에 따른 신속한 방송콘텐츠 상품 개발 및 단말기기(셋톱박스) 제조·인증이 어려웠으며 방송서비스 상품의 시장 유통이 지연되는 상황이 발생하였다. 그러나 국외 IPTV 방송 제공사업자(넷플릭스, 애플 등)는 컨텐츠 보호 기술만 사용하여 단말기기 제약 없이 인터넷, 스마트 TV 등으로 방송서비스 제공이 가능하여 상대적 역차별이 발생하였다. 따라서 IPTV 방송 제공사업자 및 제조사가 시대적 상황에 맞게 제한수신 기술을 선택하고 방송콘텐츠 및 단말기기를 신속하게 개발하여 시장 유통이 가능하도록 「인터넷 멀티미디어 방송사업의 방송통신설비에 관한 기술기준」 및 「디지털 방송통신 및 종합정보통신 설비에 접속되는 단말장치의 적합성평가 시험방법」 표준 개정이 필요하게 되었다.

제2절 추진 경위

1. 연구반 구성

제한수신 기술을 개방하고 기술 선택 자율성을 부여하기 위한 목적으로 연구원(네트워크기준담당), 학계, IPTV 방송 제공사업자, 시험기관, ETRI, 제조사 등으로 기술기준 연구반을 구성였다. 또한, 회의 개최(3회), 시험방법 통신사 현장 검증(3회) 및 참여자들의 의견수렴을 통해 기술기준과 시험방법 표준 개정안을 마련하였다.

연구반에서는 기술기준에 제한수신 기본 기능을 규정하고 개방형 제한수신 기술을 도입하여 IPTV 방송 제공사업자 및 제조사가 선택적으로 제한수신 기술을 사용할 수 있도록 기술기준 및 시험방법 표준 개정을 논의하였다.

2. 추진 경과

1) 연구반 제1차 회의(2022. 2. 14) : 제한수신 기술발전에 따라 OTT 단말을 이용한 IPTV 서비스가 출현하고 제한수신 형태가 변화함에 따라 새로운 시장 상황에 맞추어 기술개정 필요 논의

> ○ 제한수신 기능 관련 소프트웨어를 다운로드하여 설치하는 방식으로 제한수신 방법이 포함되도록 기술기준 구체화 추진

  2) 연구반 제2차 회의(2022. 4. 20) : 제한수신 기술의 제한수신 기능을 현실화하고 개선하여 기술기준 및 시험방법 표준에 반영 논의

> ○ 제한수신 기술에서 제한수신 핵심기능*만 규정하고 제한수신 기술을 개방하여 기술 선택 자율성을 확대하는 방안 마련
>   * 가입자 단말 인증, 제한수신키 수신, 제한영상 시청 기능

  2) 제한수신 핵심기능 시험방법 검증 현장 확인(2022. 5. 9.~10.) : IPTV 제한수신 핵심기능에 대한 시험방법 검증을 위한 통신사 현장 확인

> ○ 통신사 3사(SKB, KT, LGU+) 테스트베드에서 제한수신 핵심기능에 대한 단말장치 시험, 시험방법, 시험절차 및 결과 현장 검증

  3) 연구반 제3차 회의(2022. 6. 10) : 제한수신 핵심기능 시험, 시험절차 검증 및 결과를 반영한 IPTV 적합성평가 시험방법 표준 개정 논의

> ○ 개방형 제한수신(OpenCAS) 기술 용어를 새롭게 정의하고 시험방법과 시험절차를 추가하여 시험방법 표준 개정안 마련

제3절 검토 내용

1. 현행 기술기준 검토

제한수신 기술은 「인터넷 멀티미디어 방송사업의 방송통신설비에 관한 기술기준」 제13조(제한수신) 규정하고 있으며 [표 16]과 같다. 또한, 「인터넷 멀티미디어 방송용 가입자 단말장치 적합성 평가 시험방법」 표준에서 제한수신 기술에 대한 시험방법을 규정하고 있으며 [표 17]과 같다. IPTV 방송 제공사업자와 제조사는 해당 규정을 준수하여 방송콘텐츠 개발 및 단말기기를 제조·인증하여 시장에 유통해야 한다.

[표 16] 「인터넷 멀티미디어 방송사업의 방송통신설비에 관한 기술기준」 제13조(제한수신)

> 제13조(제한수신)
> ① 인터넷 멀티미디어 방송 제공사업자 설비와 가입자 단말장치는 콘텐츠의 시청 권한을 보호하기 위한 제한수신 기능을 지원해야 한다.
> ② 가입자 제한수신 모듈은 가입자 단말장치와 분리되거나 교환될 수 있어야 하고 상호 호환이 가능해야 한다.
> ③ 제2항에 따른 제한수신 모듈의 분리 또는 교환과 상호호환에 대한 사항은 한국정보통신기술협회의 "IPTV용 교환 가능한 CAS(iCAS) (TTAK.KO-08.0023/R2)" 표준 또는 디지털 유선방송 송수신 정합 표준을 따른다.
> ④ 제3항에도 불구하고 표준이 개정된 경우에는 해당 표준을 적용할 수 있다.

[표 17] 「인터넷 멀티미디어 방송용 가입자 단말장치 적합성 평가 시험방법」

> 10 제한 수신 규격
> 10.1 개요
> IPTV 가입자 단말 장치는 제한 수신 규격을 만족하는 서비스를 제공하여야 한다.
> 10.2 목적
> IPTV 서비스에서 수신 제한을 요구하는 서비스 혹은 콘텐츠에 대하여 가입자 단말장치에서 제한 수신 기능이 제공되는지 여부를 확인하기 위함이다.
> 10.3 성능 기준
> 가입자 제한 수신 모듈은 가입자 단말 장치와 분리되거나 교환될 수 있어야 하고 상호 호환이 가능해야 하며 제한 수신 모듈의 분리 또는 교환과 상호 호환에 대한 사항은 TTAK.KO-08.0023/R2를 따른다. 다만, TTAK.KO-08.0023/R2이 개정된 경우에는 개정 표준을 적용할 수 있다

현행규정을 검토한 결과 현행 제한수신 기술은 특정 단체표준인 TTA 표준만 따르도록 규정되어 있었다. 가입자 단말기기(IPTV용 셋톱박스)에 대한 제한수신 기능 인증은 TTA 표준 제한수신 인증 요구사항에 따라 시험 및 인증을 받아야 한다. IPTV 제한수신 방법은 하드웨어에서 소프트웨어 형태로 변화하고 있고 IPTV 수신기로 사용되는 최신 기기(스마트TV, 태블릿 등)는 현행 제한수신 기준을 적용하기 어려움을 확인하였다.

2. 개선방안 마련

소프트웨어 형태의 제한수신 방법이 포함할 수 있도록 제한수신 기술에서 제한수신 핵심기능만 규정하고 제한수신 기능을 개선하여 제한수신 기술을 개방하였다. 그리고 새로운 제한수신 기능 시험을 위한 시험방법을 마련하였으며 [표 18]과 같다.

IPTV 방송 제공사업자와 제조사가 시대적 상황에 맞게 제한수신 기술을 선택하여 방송콘텐츠 개발 및 단말기기를 제조·인증할 수 있도록 제한수신 기술 규제를 완화하여 기술기준을 개정하였으며 [표 19]와 같다. 또한, 기술기준 개정내용을 반영하여 시험방법 표준에 새로운 제한수신 기능 시험방법을 추가하여 개정하였으며 [표 20]과 같다.

[표 18] 제한수신 핵심기능 및 시험방법 절차

<제한수신 핵심기능 상세내용>

제한수신 핵심 기능	기능내용	시험방법
가입자 단말 인증 기능	방송 제공사업자와 접속 시 적합한 가입자 단말인지 확인하기 위한 인증 요청	방송 제공사업자와 가입자 단말 간 인증 과정을 통신사의 콘솔, 네트워크망 및 계측기 메시지 확인을 통해 단말인증 기능 시험
제한수신키 수신 기능	방송 제공사업자가 생성한 제한수신키(암호화키)를 안전하게 수신	방송 제공사업자가 제공한 제한수신키를 가입자 단말에서 안전하게 수신하는지 통신사의 콘솔, 네트워크망 및 계측기 메시지 확인을 통해 제한수신키 수신 기능 시험
제한영상 시청 기능	가입자 단말이 제한수신된 영상을 수신하고 제한수신키를 이용하여 정상적으로 방송을 시청	가입자 단말에서 제한수신키를 이용하여 방송 시청이 가능한지 통신사의 콘솔, 네트워크망 및 계측기 메시지 확인을 통해 제한 영상시청 기능 시험

<시험환경 구성도>

Tap/SW

IPTV 테스트베드   사업자 서버

패킷 캡쳐/분석

시험용콘솔

* 영상수신장치와 시험단말이 일체형일 수 있음(전용 단말)

[표 19] 「인터넷 멀티미디어 방송사업의 방송통신설비에 관한 기술기준」 제13조(제한수신)

제13조(제한수신)

① (현행과 같음)

② 가입자 제한수신 모듈은 소프트웨어(제한수신 기능 통합 소프트웨어 내려받기 포함) 또는 하드웨어 방식으로 동작하며, 인터넷 멀티미디어 방송 제공사업자 설비와 상호 호환이 가능하도록 다음 각호의 기능이 제공되어야 한다.

1. 가입자 단말이 인터넷 멀티미디어 방송제공사업자 설비와 접속하는 경우 적합한 가입자 단말인지 확인하는 인증 과정이 정상적으로 동작하여야 한다.
2. 가입자 단말은 인터넷 멀티미디어 방송제공사업자 설비에서 제한수신을 위해 발생시키는 키(이하 "제한수신 키"라 한다.)를 안전하게 수신하여야 한다.
3. 가입자 단말은 제한수신된 영상을 수신하고 제한수신 키를 이용하여 정상적으로 방송을 시청할 수 있도록 하는 기능을 제공하여야 한다.

③ 가입자 제한수신 모듈은 제2항을 만족하거나 한국정보통신기술협회 "IPTV용 교환 가능한 CAS(iCAS) (TTAK.KO-08.0023)" 표준 또는 디지털 유선방송 송수신 정합 표준을 만족하여야 한다.

④ (삭제)

[표 20] 「인터넷 멀티미디어 방송용 가입자 단말장치 적합성 평가 시험방법」 표준 10 제한수신 규격

---

10 제한수신 규격

10.1 개요

IPTV 가입자 단말 장치는 제한수신 규격을 만족하는 서비스를 제공하여야 한다.

IPTV 서비스에서 사용가능한 제한수신 규격은 제한수신의 핵심기능만을 시험하는 개방형 제한수신(OpenCAS), IPTV용 교환 가능한 CAS(iCAS) 및 디지털 유선방송 송수신 정합 표준에서 정의한 교환 가능형 제한수신(XCAS) 규격이 있다. 본 장에서는 개방형 제한수신(OpenCAS)과 교환 가능한 CAS(iCAS) 규격의 시험절차를 기술한다. XCAS 규격의 시험은 KS X3163을 준용한다.

10.2 목적

(현행과 같음)

10.3 성능 기준

가입자 제한수신 모듈은 소프트웨어(제한수신기능통합 소프트웨어 내려받기 포함) 또는 하드웨어 방식으로 동작하며, 인터넷 멀티미디어 방송 제공사업자 설비와 상호호환이 가능하도록 제한수신의 핵심 기능인 가입자 단말 인증, 제한수신 키 수신 및 제한영상

시청 기능이 제공되어야 한다.

그러나, 사업자/제조사의 선택에 따라 한국정보통신기술협회의 "IPTV용 교환 가능한 CAS(iCAS)" 표준 또는 "디지털 유선방송 송수신 정합" 표준을 적용할 수 있다.

10.5.1 개방형 제한수신(OpenCAS) 시험절차

개방형 제한수신 규격은 제한수신의 필수적인 기능을 시험한다.

10.5.1.1 가입자 단말 인증 기능 확인

미등록 가입자 단말장치를 시험환경에 연결하고 전원을 인가하여 서비스 요청을 시도한다.

미등록 가입자 단말에 대한 IPTV 서비스가 이루어지지 않음을 확인한다.

정상적으로 가입된 가입자 단말장치를 시험환경에 연결하고 전원을 인가하여 서비스 요청을 시도한다.

가입자 관리 시스템의 인증을 거쳐 정상적인 가입자의 단말장치임을 확인한다.

10.5.1.2 제한수신 키 수신 기능 확인

가입자 단말장치가 방송제공사업자로부터 안전한 방법으로 제한수신 키를 수신하도록 요청한다.

가입자 단말장치가 제한수신 키를 수신하였는지 확인한다.

10.5.1.3 제한영상 시청 기능 확인

방송제공사업자로부터 수신한 제한영상을 사전에 수신한 제한수신 키를 이용하여 시청한다.

수신한 제한영상이 정상적으로 시청가능한지 확인한다.

제4절 기술기준 및 시험방법 표준 개정안 신·구 조문 대비표

1. 「인터넷 멀티미디어 방송사업의 방송통신설비에 관한 기술기준」

현 행	개 정 안
제13조(제한수신) ① (생 략) ② 가입자 제한수신 모듈은 가입자 단말장치와 분리되거나 교환될 수 있어야 하고 상호호환이 가능해야 한다. <신 설> <신 설> <신 설> ③ 제2항에 따른 제한수신 모듈의 분리 또는 교환과 상호호환에 대한 사항은 한국정보통신기술협회의 "IPTV용 교환 가능한 CAS(iCAS) (TTAK.KO-08.0023/R2)" 표준 또는 디지털 유선방송 송수신 정합 표준을 따른다. ④ 제3항에도 불구하고 표준이 개정된 경우에는 해당 표준을 적용할 수 있다.	제13조(제한수신) ① (현행과 같음) ② 가입자 제한수신 모듈은 소프트웨어(제한수신 기능 통합 소프트웨어 내려받기 포함) 또는 하드웨어 방식으로 동작하며, 인터넷 멀티미디어 방송 제공사업자 설비와 상호호환이 가능하도록 다음 각 호의 기능이 제공되어야 한다. 1. 가입자 단말이 인터넷 멀티미디어 방송제공사업자 설비와 접속하는 경우 적합한 가입자 단말인지 확인하는 인증 과정이 정상적으로 동작하여야 한다. 2. 가입자 단말은 인터넷 멀티미디어 방송제공사업자 설비에서 제한수신을 위해 발생시키는 키(이하 "제한수신 키"라 한다.)를 안전하게 수신하여야 한다. 3. 가입자 단말은 제한수신된 영상을 수신하고 제한수신 키를 이용하여 정상적으로 방송을 시청할 수 있도록 하는 기능을 제공하여야 한다. ③ 가입자 제한수신 모듈은 제2항을 만족하거나 한국정보통신기술협회(TTAK.KO-08.0023)"--만족하여야 한다. <삭 제>

2. 「인터넷 멀티미디어 방송용 가입자 단말장치 적합성 평가 시험방법」

현 행	개 정 안
3. 용어와 정의 및 약어 <신설>	3. 용어와 정의 및 약어 3.1.9 개방형 제한수신(OpenCAS) IPTV 방송서비스를 위해 사용하는 제한수신 규격의 기술을 특정하지 않고 제한수신 기본 기능만을 규정하여 여러 제한수신 기술을 사용할 수 있도록 정의한 "인터넷 멀티미디어 방송사업의 방송통신 설비에 관한 기술기준"에서 기술하고 있는 제한 수신 규격
10 <u>제한 수신 규격</u> 10.1 개요 IPTV 가입자 단말 장치는 <u>제한 수신</u> 규격을 만족하는 서비스를 제공하여야 한다.	10 제한수신 -- 10.1 개요 ------------------------제한수신---------- --. IPTV 서비스에서 사용가능한 제한수신 규격은 제한수신의 핵심기능만을 시험하는 개방형 제한수신(OpenCAS), IPTV용 교환 가능한 CAS(iCAS) 및 디지털 유선방송 송수신 정합 표준에서 정의한 교환 가능형 제한수신(XCAS) 규격이 있다. 본 장에서는 개방형 제한수신(OpenCAS)과 교환 가능한 CAS(iCAS) 규격의 시험절차를 기술한다. XCAS 규격의 시험은 KS X3163을 준용한다.
10.3 성능 기준 가입자 제한수신 모듈은 <u>가입자 단말 장치와 분리되거나 교환될 수 있어야 하고 상호 호환이 가능해야 하며 제한수신 모듈의 분리 또는 교환과 상호 호환에 대한 사항은 TTAK.KO- 08.0023/R2를 따른다. 다만, TTAK.KO-08.0023/R2이 개정된 경우에는 개정 표준을 적용할 수 있다.</u>	10.3 성능 기준 ---------------------- 소프트웨어(제한수신 기능통합 소프트웨어 내려받기 포함) 또는 하드웨어 방식으로 동작하며, 인터넷 멀티미디어 방송 제공 사업자 설비와 상호호환이 가능하도록 제한수신의 핵심 기능인 가입자 단말 인증, 제한수신 키 수신 및 제한영상 시청 기능이 제공되어야 한다. 그러나, 사업자/제조사의 선택에 따라 한국정보통신 기술협회의 "IPTV용 교환 가능한 CAS(iCAS)" 표준 또는 "디지털 유선방송 송수신 정합" 표준을 적용할 수 있다.

10.4 시험장비

IPTV 서비스의 가입자 단말 장치의 제한 수신 규격을 시험하기 위해서는 다음과 같은 시험 장비를 사용해야 하며, IPTV 송출 장비는 스크램블(scramble)된 방송 스트림을 지속적으로 송출하여야 한다.

- (생략)
- (생략)
  - 제한 수신 서버(CAS)
  - (생략)
  - 제한 수신 모듈(CAS S/W) 다운로드 서버
- (생략)
- (생략)
- 제한 수신 모듈

<신설>
<신설>

10.5 시험 절차

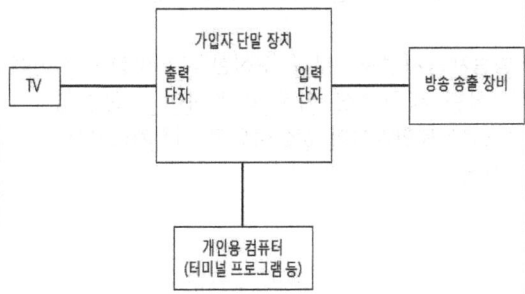

그림 6 제한 수신 규격 시험구성도

시험 구성도 그림 6과 같이 가입자 단말 장치와 측정기를 연결한다.

10.4 시험장비

---------------------------------------제한수신

----------------------------------.

인터넷 멀티미디어 방송 제공사업자와의 상호 호환을 시험하거나 별도의 방송장비를 구축하기 어려운 경우 방송제공사업자의 시험망 등을 이용하여 시험한다.

- (현행과 같음)
- (현행과 같음)
  - 제한수신 --------
  - (현행과 같음)
  - 제한수신--------------------------
- (현행과 같음)
- (현행과 같음)
- 제한수신 모듈
- 네트워크 스위치 또는 TAP 장비
- 네트워크 계측기기 또는 분석기

10.5 시험 절차

본 절에서는 개방형 제한수신(OpenCAS)과 교환 가능한 CAS(iCAS) 규격에 대한 시험절차를 기술한다. 시험하고자 하는 규격의 시험절차를 선택하여 시험한다.

그림 6 제한수신 규격 시험구성도

-----------------------------. 방송제공사업자의 IPTV 시험망에 접속하여 시험하는 경우도 그림 6과 유사한 구성으로 연결한다.

가입자 단말 장치의 동작 결과를 TV 화면, 방송 송출 장비의 데이터 분석 화면, 컴퓨터의 로그 분석 화면 등을 통해 확인한다. <신설> <신설> <신설> <신설> 10.6 시험 결과 및 데이터 <신설> <신설>	-- -- ---------------------------, 단말장치 로그 분석 화면 및 계측기기 등을 통해 확인한다. 10.5.1 개방형 제한수신(OpenCAS) 시험절차 개방형 제한수신 규격은 제한수신의 필수적인 기능을 시험한다. 10.5.1.1 가입자 단말 인증 기능 확인 미등록 가입자 단말장치를 시험환경에 연결하고 전원을 인가하여 서비스 요청을 시도한다. 미등록 가입자 단말에 대한 IPTV 서비스가 이루어지지 않음을 확인한다. 정상적으로 가입된 가입자 단말장치를 시험환경에 연결하고 전원을 인가하여 서비스 요청을 시도한다. 가입자 관리 시스템의 인증을 거쳐 정상적인 가입자의 단말장치임을 확인한다. 10.5.1.2 제한수신 키 수신 기능 확인 가입자 단말장치가 방송제공사업자로부터 안전한 방법으로 제한수신 키를 수신하도록 요청한다. 가입자 단말장치가 제한수신 키를 수신하였는지 확인한다. 10.5.1.3 제한영상 시청 기능 확인 방송제공사업자로부터 수신한 제한영상을 사전에 수신한 제한수신 키를 이용하여 시청한다. 수신한 제한영상이 정상적으로 시청가능한지 확인한다. 10.6 시험 결과 및 데이터 10.6.1 개방형 제한수신(OpenCAS) 시험결과 및 데이터

	10.6.1.1 가입자 단말 인증 기능 확인
	
	가입자 단말장치가 정상적으로 등록된 단말장치임을 다음 예와 같은 방법으로 확인한다. 방송제공사업자와 제조사간의 구현 상황에 따라 다양한 확인 방법이 가능하다.
	  - 예1) 가입자 단말장치의 콘솔에서 로그 혹은 결과 상태값 확인
	  - 예2) 단말장치에 연결된 터미널 프로그램에서 디버깅 로그 혹은 결과 상태값 확인
	  - 예3) 계측기기 혹은 패킷 분석기를 통해 캡처한 패킷 내용 확인

<신설>	10.6.1.2 제한수신 키 수신 기능 확인
	
	가입자 단말장치가 안전한 방법으로 제한수신 키를 수신하였음을 다음 예와 같은 방법으로 확인한다. 방송제공사업자와 제조사간의 구현 상황에 따라 다양한 확인 방법이 가능하다.
	  - 예1) 가입자 단말장치의 콘솔에서 로그 혹은 결과 상태값으로 확인
	  - 예2) 단말장치에 연결된 터미널 프로그램에서 디버깅 로그 및 결과 상태값으로 확인
	  - 예3) 계측기기 혹은 패킷 분석기를 통해 캡처한 패킷 내용 확인

<신설>	10.6.1.3 제한영상 시청 기능 확인 수신한 제한영상이 정상적으로 시청가능한지 TV 화면으로 확인한다. 제한수신 키가 없는 경우 정상적으로 시청할 수 없음을 확인한다.
11.5 시험 절차 (생략) a) 시험 구성도 그림 7과 같이 가입자 단말 장치와 측정기를 연결한다. b)~c) (생략)	11.5 시험 절차 (현행과 같음) a) ───────────── 측정기(IPTV용 콘텐츠를 재생할 수 있는 개인용 컴퓨터와 재생 프로그램 또는 이와 유사한 장비)를 연결한다. b)~c) (생략)

제4장
단말장치 기술기준 개정

제4장 단말장치 기술기준 개정

제1절 추진 배경

방송통신망의 단말접속 기술방식인 종합정보통신설비(ISDN) 기본속도(BRI) 방식은 정보통신 기술발전에 따라 서비스 수요가 없으나 기술기준에 규정되어 있어 통신사와 시험기관에서 불필요한 서비스 유지 및 단말인증 시험을 위한 시험장비 관리 비용이 발생하고 있었다. 따라서, 통신사와 지정시험기관이 기술기준을 준수함에 따라 발생되는 불필요한 비용을 절감할 수 있도록 종합정보통신설비(ISDN)의 기본속도(BRI) 방식을 「단말장치 기술기준」 및 「디지털 방송통신 및 종합정보통신 설비에 접속되는 단말장치의 적합성 평가 시험방법」 표준에서 삭제하는 개정이 필요하게 되었다.

제2절 추진 경위

1. 연구반 구성

기술기준 및 시험방법 표준 개정을 효과적으로 추진하기 위해 연구원(네트워크기준담당), 학계, 통신사업자, 시험기관, ETRI, 제조사 등으로 연구반을 구성하였다. 또한, 회의 개최(2회) 및 참여자들의 의견수렴을 통해 기술기준 및 시험방법 표준 개정안을 마련하였다.

연구반에서는 단말접속 기술방식인 종합정보통신설비(ISDN) 서비스 및 단말인증 시험 현황 등을 공유하고 서비스 수요가 없는 종합정보통신설비(ISDN)의 기본속도(BRI) 방식을 기술기준 및 시험방법 표준에서 삭제하는 논의를 하였다.

2. 추진 경과

1) 연구반 제1차 회의(2022. 3. 11) : 오래되어 서비스 신규가입이 적은 기술방식(ISDN, ADSL 등)에 대한 기술기준 및 시험방법 표준에서 삭제 필요성 논의

○ 방송통신망의 단말접속 기술방식(ISDN, ADSL 등)의 서비스 수요 확인을 위한 신규 가입 및 단말인증 현황을 조사하고 기술기준과 시험방법 표준에서 서비스 수요가 없는 기술방식 삭제 검토

2) 연구반 제2차 회의(2022. 4. 29) : 서비스 수요가 없는 종합정보통신설비(ISDN)의 기본속도(BRI) 방식을 기술기준 및 시험방법 표준에서 삭제 방안 논의

○ 종합정보통신설비의 기본속도 서비스는 가정 등의 소규모 전화 서비스로 현재 신규 가입이 없어 기술기준 및 시험방법 표준에서 기본속도 기술항목을 삭제하여 기술기준 및 시험방법 표준 개정안 마련
  * 비대칭디지털가입자회선(ADSL)은 신규가입이 없으나 광케이블이 못 들어가는 산간벽지 등에 대한 장거리 통신 대체 방법이 없어 해당 조항은 유지 결정

제3절 검토 내용

1. 현행 기술기준 검토

종합정보통신설비 기술방식은 「단말장치 기술기준」 제19조(회선 망종단장치간의 접속)와 제20조(망종단장치와 단말장치간의 접속) 및 [별표 12]에서 규정하고 있으며 [표 21]과 같다. 또한, 「디지털 방송통신 및 종합정보통신 설비에 접속되는 단말장치의 적합성 평가 시험방법」 표준에서 종합정보통신설비 기술방식에 대한 시험방법을 규정하고 있으며 [표 22]와 같다.

[표 21] 「단말장치 기술기준」 종합정보통신설비 관련 제19조, 제20조, [별표 12]

제19조(회선과 망종단장치간의 접속) 회선과 망종단장치간의 접속은 다음 각호의 조건에 적합하여야 한다.

1. 기본속도 회선에 접속되는 망종단장치

구 분	조 건
선로속도	160 kbps(80 kbaud)±100 ppm
선로부호	2B1Q(2 Binary 1 Quaternary)
펄스전압	2.375 V이상 2.625 V이하(4진부호 +3 및 -3인 경우)
평균신호전력	0 Hz이상 80 kHz이하에서 13 dBm이상 14 dBm이하
횡전압 평형도	제16조(별표 9의 그림 1)의 허용영역
임피던스	135 Ω(저항성)
통과전송경로의 신호전력	제9조제2항제5호의 규정 준용

2. 1차군속도 회선에 접속되는 망종단장치 : 제17조의 2,048 kbps 회선에 관한 규정을 준용한다.

제20조(망종단장치와 단말장치간의 접속) 망종단장치와 단말장치간의 접속은 다음 표의 조건에 적합하여야 한다.

구 분	조 건
선로 속도	192 kbps±100 ppm
선로 부호	AMI(Alternate mArk Inversion)

펄스 형상	1. 시험부하저항 50 Ω : 별표 12의 그림 1의 출력펄스 형상 2. 시험부하저항 400 Ω(단말장치) : 별표 12의 그림 2의 출력펄스 형상 3. 시험부하저항 5.6 Ω(단말장치) : 별표 12의 그림 1의 출력펄스 형상 진폭의 20% 이내
펄스 전압	1. 시험부하저항 50 Ω : 0.675 V이상 0.825 V이하 2. 시험부하저항 400 Ω(단말장치) : 오우버 슈우트를 포함하여 0.675 V이상 2.025 V이하
입출력 임피던스	1. 망종단장치 : 이진수 "0"을 송출하고 있을 때를 제외한 모든 경우에 2 ㎑이상 1 ㎒이하에서 100 mV의 정현파 전압을 가할 경우에는 별표 12의 그림 3에 표시하는 범위 이상 2. 단말장치 : 비활성상태와 저전력 소모 상태일 때 또는 이진수 "1"을 전송하고 있을 때 2 ㎑이상 1 ㎒이하에서 100 mV의 정현파 전압을 가할 경우에는 별표 12의 그림 4에 표시하는 범위 이상
자동다이얼 기능	제13조의 규정 준용

[별표 12] 종합정보통신망의 망종단장치와 단말장치간의 접속(제20조 관련)

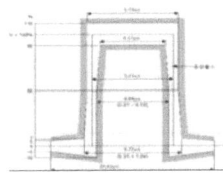

(그림 1) 종합정보통신망의 망종단장치와 단말장치측의 출력펄스형상(50Ω)

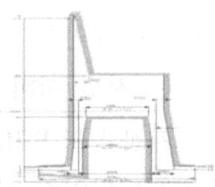

(그림 2) 종합정보통신망의 단말장치 출력펄스 형상(400Ω)

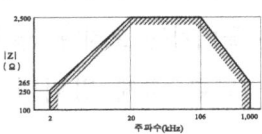

(그림 3) 종합정보통신망의 망종단장치 임피던스

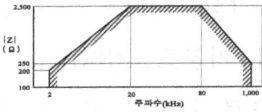

(그림 4) 종합정보통신망의 단말장치 임피던스

[표 22] 「디지털 방송통신 및 종합정보통신 설비에 접속되는 단말장치의 적합성 평가 시험방법」

5 종합정보통신설비에 접속되는 단말 장치
5.1 기본 속도 회선에 접속되는 망 종단 장치(ISDN U 참조점)
5.1.1 선로속도
5.1.2 선로 부호 시험
5.1.3 펄스 전압 시험
5.1.4 평균 신호 전력
5.1.5 횡전압 평형도
5.3 망 종단 장치와 단말 장치 간의 접속(ISDN S 참조점)
5.3.1 선로 속도
5.3.2 선로 부호 시험
5.3.3 펄스 형상
5.3.4 펄스 전압
5.3.5 출력 임피던스
5.3.6 자동 다이얼링 기능

오래된 방송통신망의 단말접속 기술방식(ISDN, ADSL)에 대한 서비스 수요 확인을 위해 통신사 신규가입 및 시험기관 단말인증 시험 현황을 조사하였다. 그 결과 종합정보통신설비(ISDN) 방식 관련 통신사별 서비스 신규가입은 KT, SKB의 경우 1차 군속도(PRI)는 신규가입이 있으나 기본속도(BRI)는 신규가입이 없었다. LGU+의 경우 서비스 가입자가 없었다. 시험기관 단말인증 시험은 현재 신규 단말 모델이 개발된 것이 없고 신규 단말에 대한 인증 사례가 없음을 확인하였다.

비대칭디지털가입자회선(ADSL) 방식 관련 통신사 신규가입과 시험기관 단말인증 시험은 없지만, 혹시라도 광케이블 등이 못 들어가는 오지나 산간지역 등에서 ADSL 서비스 요청이 있을 수 있으며, 장거리 통신을 위한 대체 방법이 없음을 확인하였다.

2. 개선방안 마련

오래된 기술방식(ISDN, ADSL)에 대한 서비스 수요 및 단말인증 시험 현황조사 결과에 따라 종합정보통신설비(ISDN)의 기본속도(BRI)에 대해서만 기술기준 및 시험방법 표준에서 삭제하고 개정하는 것으로 논의하였다. 다만, 비대칭디지털가입자회선(ADSL) 방식은 신규가입은 없으나 광케이블 등이 설치될 수 없는 산간지역 등에서 ADSL 서비스 요청이 있을 수 있어 해당 조항은 유지하는 것으로 결정하였다.

제4절 기술기준 및 시험방법 표준 개정안 신·구 조문 대비표
1. 「단말장치 기술기준」

현 행	개 정 안
제19조(회선과 망종단장치간의 접속) 회선과 망종단장치간의 접속은 다음 각호의 조건에 적합하여야 한다. 1. 기본속도 회선에 접속되는 망종단장치 <table><tr><th>구 분</th><th>조 건</th></tr><tr><td>선로속도</td><td>160 kbps(80 kbaud)±100 ppm</td></tr><tr><td>선로부호</td><td>2B1Q(2 Binary 1 Quaternary)</td></tr><tr><td>펄스전압</td><td>2.375 V이상 2.625 V이하 (4진부호 +3 및 -3인 경우)</td></tr><tr><td>평균신호전력</td><td>0 Hz이상 80 ㎑이하에서 13 dBm이상 14 dBm이하</td></tr><tr><td>횡전압 평형도</td><td>제16조(별표 9의 그림 1)의 허용영역</td></tr><tr><td>임피던스</td><td>135 Ω(저항성)</td></tr><tr><td>통과전송경로 의 신호전력</td><td>제9조제2항제5호의 규정 준용</td></tr></table> 2. (생 략)	제19조(회선과 망종단장치간의 접속) ---. 1. <삭제> 2. (현행과 같음)
제20조(망종단장치와 단말장치간의 접속) 망종단장치와 단말장치간의 접속은 다음 표의 조건에 적합하여야 한다. <table><tr><th>구 분</th><th>조 건</th></tr><tr><td>선로 속도</td><td>192 kbps±100 ppm</td></tr><tr><td>선로 부호</td><td>AMI(Alternate mArk Inversion)</td></tr><tr><td>펄스 형상</td><td>1. 시험부하저항 50 Ω : 별표 12의 그림 1의 출력펄스 형상 2. 시험부하저항 400 Ω(단말장치) : 별표 12의 그림 2의 출력펄스 형상 3. 시험부하저항 5.6 Ω(단말장치) : 별표 12의 그림 1의 출력펄스 형상 진폭의 20% 이내</td></tr><tr><td>펄스 전압</td><td>1. 시험부하저항 50 Ω : 0.675 V이상 0.825 V이하</td></tr></table>	제20조 (삭제)

		2. 시험부하저항 400 Ω(단말장치) : 오우버 슈우트를 포함하여 0.675 V 이상 2.025 V이하
	입출력 임피던스	1. 망종단장치 : 이진수 "0"을 송출하고 있을 때를 제외한 모든 경우에 2 ㎑이상 1 ㎒이하에서 100 mV의 정현파 전압을 가할 경우에는 별표 12의 그림 3에 표시하는 범위 이상 2. 단말장치 : 비활성상태와 저전력 소모 상태일 때 또는 이진수 "1"을 전송하고 있을 때 2 ㎑이상 1 ㎒이하에서 100 mV의 정현파 전압을 가할 경우에는 별표 12의 그림 4에 표시하는 범위 이상
	자동다이얼 기능	제13조의 규정 준용

[별표 12] 종합정보통신망의 망종단장치와 단말장치간의 접속(제20조 관련)   [별표 12] (삭제)

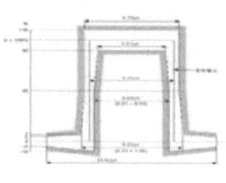

(그림 1) (생략)

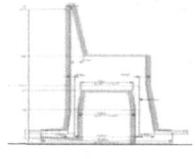

(그림 2) (생략)

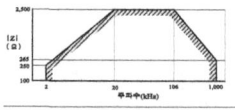

(그림 3) (생략)

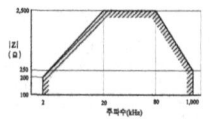

(그림 4) (생략)

2. 「디지털 방송통신 및 종합정보통신 설비에 접속되는 단말장치의 적합성 평가 시험방법」

현 행	개 정 안
5 종합정보통신설비에 접속되는 단말 장치	5 종합정보통신설비에 접속되는 단말 장치
5.1 기본 속도 회선에 접속되는 망 종단 장치 (ISDN U 참조점)	5.1 기본 속도 회선에 접속되는 망 종단 장치 (ISDN U 참조점)(삭제)
5.1.1 선로속도	5.1.1 선로속도(삭제)
5.1.2 선로 부호 시험	5.1.2 선로 부호 시험(삭제)
5.1.3 펄스 전압 시험	5.1.3 펄스 전압 시험(삭제)
5.1.4 평균 신호 전력	5.1.4 평균 신호 전력(삭제)
5.1.5 횡전압 평형도	5.1.5 횡전압 평형도(삭제)
5.2. (생략)	5.2. (현행과 같음)
5.3 망 종단 장치와 단말 장치 간의 접속 (ISDN S 참조점)	5.3 망 종단 장치와 단말 장치 간의 접속 (ISDN S 참조점)(삭제)
5.3.1 선로 속도	5.3.1 선로 속도(삭제)
5.3.2 선로 부호 시험	5.3.2 선로 부호 시험(삭제)
5.3.3 펄스 형상	5.3.3 펄스 형상(삭제)
5.3.4 펄스 전압	5.3.4 펄스 전압(삭제)
5.3.5 출력 임피던스	5.3.5 출력 임피던스(삭제)
5.3.6 자동 다이얼링 기능	5.3.6 자동 다이얼링 기능(삭제)

제5장
결론

National
Radio
Research
Agency

제5장 결 론

　국립전파연구원은 구내 10기가 통신서비스 제공을 위한 광케이블 설치 의무화를 위해 현행규정을 검토하고 연구반 회의 및 이해관계자의 의견수렴, 현장조사 등을 실시하였다. 건설사, 공사협회, 통신사업자 의견수렴 결과 구내 10기가 서비스 제공을 위한 광케이블 의무화 개정(안) 대하여 적극 동의하였으며, 이에 따라 광케이블 설치 의무화에 대한 기술기준을 개정하였다. 이를 통해 국립전파연구원은 구내 10Gbps 통신서비스 제공을 통해 연간 국민에게 약 1,212.13억원 정도의 편익창출이 예상되며, 선제적인 인프라 구축으로 메타버스·10기가인터넷 등 혁신적인 서비스 보급을 촉진하여 국민의 통신 선택권 보장 강화 및 산업의 활성화를 유도할 수 있을 것으로 판단된다.
　준주택오피스텔은 유사한 건축구조를 갖는 공동주택(주거시설)과 유사한 구조임에도 불구하고 업무용건축물로 분류 되어 구내통신 회선 수가 과도하게 설치되고 있다. 이를 완화하기 위해 국립전파연구원은 준주택오피스텔 구내통신 회선수 기준 개선을 위해 현행규정을 검토하고 오피스텔 관련법규 현황 등을 조사하여 연구반 회의 및 이해관계자의 의견수렴을 통해 준주택오피스텔 회선수 기준을 개정하였다. 이를 통해 국립전파연구원은 준주택오피스텔을 주거용건축물로 분류하여 공동주택의 구내통신선로설비 기술기준에 맞게 회선수 등을 개선함으로서 건축주의 과도한 비용부담이 완화될 것으로 예상된다.
　건축물 지하층 중계설비 설치장소 확보기준을 개선을 위해 연구반 구성 운영을 통한 이해관계자의 의견수렴 및 현장조사 등을 통해 개정을 추진하였다. 건축물 지하층 중계설비 설치장소 확보 관련 현행수치는 유지하고 중계설비 출력, 환경 등에 따라 지하층 중계설비 설치 개소를 증감할 수 있도록 기준을 완화하는 단서조항을 신설하는 개정안에 대하여 이해관계자 동의하였으며, 이에 따라 기술기준을 개정하였다. 이를 통해 국립전파연구원은 불필요한 중계설비 과다설치 방지 및 비용부담 완화, 건축주와 통신사간 원활한 협의가 가능하여 분쟁을 예방할 수 있을 것으로 판단된다. 또한, 국립전파연구원은 5G 도입에 따른 도시철도시설 선로구간 중계설비 설치장소 확보방법을 현행수치는 유지하고 전파전달특성, 구조물의 환경 등에 따라 거리를 조정할 수 있도록 개선하여 국민에게 고품질의 방송통신서비스 제공이 가능할 것으로 판단된다. 회선종단장치 설치방법 개선을 위해 연구반 구성 운영을 통한 이해관계자의 의견수렴 및 현장조사 등을 통해 개정을 추진하였다. 인출구가 보이지 않도록 단말장치를 설치하는 경우 회선종단장치 없이 직결하여 설치할 수 있도록 기준을 개정하였다. 해당 개정을 통해

국립전파연구원은 회선종단장치를 합리적인 기준으로 개선하여 자원낭비 방지 및 건축주의 비용부담을 완화하고, 건축주와 감리 간의 분쟁이 예방될 것으로 판단된다.

제한수신 기술 개방 연구에서는 제한수신 기술발전 추세 등을 고려하고 IPTV 유료방송 활성화 지원을 위하여 IPTV 방송 제공사업자, 제조사 및 시험기관 등과 현행 제한수신 기술 규정 검토 및 단말인증 절차에 대한 협의를 추진하였다. 그리고 제한수신에 대한 기본요구사항만 규정하여 시대적 상황에 맞게 기술 선택 자율성을 확대하고 효율적인 인증(KC) 시험 방안을 마련하였다.

이로 인해 IPTV 방송 제공사업자와 제조사는 자유롭게 제한수신 기술을 사용하여 사업자들의 특색에 맞는 방송콘텐츠 상품이 개발되고 단말기기 제조 비용은 절감되었다. 기술 선택 자율성 확대에 따라 방송서비스 상품의 시장 출시 시간이 단축되고 양질의 방송서비스를 이용자에게 신속히 제공할 수 있게 되어 IPTV 유료방송서비스 산업의 발전기반을 마련하였다.

오래된 방송통신망의 단말접속 기술방식(ISDN, ADSL) 삭제 필요성 연구에서는 정보통신 기술발전에 따라 사용하지 않는 기술방식에 대하여 통신사, 제조사, 시험기관 등 이해관계자들과 삭제 필요성 검토를 추진하고 통신사별 신규가입 및 시험기관 단말인증 시험 현황을 조사하였다. 그 결과 종합정보통신설비(ISDN) 방식의 1차 군속도는 통신사별 서비스 수요가 있어 기본속도(BRI)에 대해서만 기술기준 및 시험방법 표준에서 삭제하였다. 비대칭디지털가입자회선(ADSL) 방식은 신규가입은 없으나 광케이블 등이 설치될 수 없는 산간지역 등에서 ADSL 서비스 요청이 있을 수 있어 해당 조항은 유지하는 것으로 결정하였다. 이와 같은 기술기준 개선으로 통신사와 시험기관은 서비스 수요가 없음에도 기술기준을 준수함에 따라 발생하고 있는 서비스 및 인증 시험장비 관리 비용이 절감될 것으로 판단된다.

참고문헌

[1] 과학기술정보통신부, 『전기통신사업법』
[2] 과학기술정보통신부, 『방송통신설비의 기술기준에 관한 규정』
[3] 국립전파연구원, 『접지설비·구내통신설비·선로설비 및 통신공동구등에 대한 기술기준』
[4] 과학기술정보통신부, 지능정보사회 구현을 위한 제6차 국가정보화 기본계획, 2018
[5] 국토교통부, 「건축법」
[6] 국토교통부, 『건축법시행령』
[7] 국토교통부, 『주택법』
[8] 국토교통부, 『주택법 시행령』
[9] 국토교통부, 『공공주택 특별법』
[10] 국토교통부, 『공공주택 특별법 시행령』
[11] 국토교통부, 『민간임대주택에 관한 특별법』
[12] 국토교통부, 『민간임대주택에 관한 특별법 시행령』
[13] 국토교통부, 『오피스텔 건축기준』
[15] 과학기술정보통신부, 『인터넷 멀티미디어 방송사업법』
[16] 국립전파연구원고시, 『인터넷 멀티미디어 방송사업의 방송통신설비에 관한 기술기준』
[17] KS X 3184, 『인터넷 멀티미디어 방송용 가입자 단말장치 적합성 평가 시험방법』
[18] 국립전파연구원고시, 『단말장치 기술기준』
[19] KS X 3078, 『디지털 방송통신 및 종합정보통신 설비에 접속되는 단말장치의 적합성 평가 시험방법』

연구책임자 : 양 준 규(기술기준과 네트워크기준담당)
연 구 원 : 정 민 주(기술기준과 네트워크기준담당)
　　　　　최 현 신(기술기준과 네트워크기준담당)

안정적인 방송통신 서비스 기반 제공 연구

초판 인쇄　2024년 12월 01일
초판 발행　2024년 12월 05일

저　자 국립전파연구원
발행인 김갑용

발행처 진한엠앤비
주소 서울시 서대문구 독립문로 14길 66 205호(냉천동 260)
전화 02) 364 - 8491(대) / 팩스 02) 319 - 3537
홈페이지주소 http://www.jinhanbook.co.kr
등록번호 제25100-2016-000019호 (등록일자 : 1993년 05월 25일)
ⓒ2024 jinhan M&B INC, Printed in Korea

ISBN 979-11-290-5698-9 (93560)　　　[정가 10,000원]

☞ 이 책에 담긴 내용의 무단 전재 및 복제 행위를 금합니다.
☞ 잘못 만들어진 책자는 구입처에서 교환해 드립니다.
☞ 본 도서는 [공공데이터 제공 및 이용 활성화에 관한 법률]을 근거로 출판되었습니다.